国家出版基金项目
NATIONAL PUBLICATION FOUNDATION

中华传统食材丛书

总主编　魏兆军　陈寿宏

野果卷

主　编　张银萍　胡雪芹

编　委　曹　衡　朱云阳　沈　艺

合肥工业大学出版社

总序

健康是促进人类全面发展的必然要求，《“健康中国2030”规划纲要》中提出，实现国民健康长寿，是国家富强、民族振兴的重要标志，也是全国各族人民的共同愿望。世界卫生组织（WHO）评估表明膳食营养因素对健康的作用大于医疗因素。“民以食为天”，当前，为了满足人民日益增长的美好生活的需求，对食品的美味、营养、健康、方便提出了更高的要求。

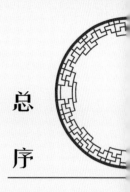

中国传统饮食文化博大精深。从上古时期的充饥果腹，到如今的五味调和；从简单的填塞入口，到复杂的品味尝鲜；从简陋的捧土为皿，到精美的餐具食器；从烟火街巷的夜市小吃，到钟鸣鼎食的珍馐奇馔；从“下火上水即为烹饪”，到“拌、腌、卤、炒、熘、烧、焖、蒸、烤、煎、炸、炖、煮、煲、烩”十五种技法以及“鲁、川、粤、徽、浙、闽、苏、湘”八大菜系的选材、配方和技艺，在浩渺的时空中穿梭、演变、再生，形成了绵长而丰富的中华传统饮食文化。中华传统食品既要传承又要创新，在传承的基础上创新，在创新的基础上发展，实现未来食品的多元化和可持续发展。

中华传统饮食文化体现了“大食物观”的核心——食材多元化，肉、蛋、禽、奶、鱼、菜、果、菌、茶等是食物；酒也是食物。中国人讲究“靠山吃山、靠海吃海”，这不仅是一种因地制宜的变通，更是顺应自然的中国式生存之道。中华大地幅员辽阔、地大物博，拥有世界上最多样的地理环境，高原、山林、湖泊、海岸，这种巨大的地理跨度形成了丰富的物种库，潜在食物资源位居世界前列。

“中华传统食材丛书”定位科普性，注重中华传统食材的科学性和文化性。丛书共分为30卷，分别为《药食同源卷》《主粮卷》《杂粮卷》《油脂卷》《蔬菜卷》《野菜卷（上册）》《野菜卷（下册）》《瓜茄卷》《豆荚芽菜卷》《籽实卷》《热带水果卷》《温寒带水果卷》《野果卷》《干坚果卷》《菌藻卷》《参草卷》《滋补卷》《花卉卷》《蛋乳卷》《海洋鱼卷》《淡水鱼卷》《虾蟹卷》《软体动物卷》《昆虫卷》《家禽卷》《家畜卷》《茶叶卷》《酒品卷》《调味品卷》《传统食品添加剂卷》。丛书共收录了食材类目944种，历代食材相关诗歌、谚语、民谣900多首，传说故事或延伸阅读900余则，相关图片近3000幅。丛书的编者团队汇聚了来自食品科学、营养学、中药学、动物学、植物学、农学、文学等多个学科的学者专家。每种食材从物种本源、营养及成分、食材功能、烹饪与加工、食用注意、传说故事或延伸阅读等诸多方面进行介绍。编者团队耗时多年，参阅大量经、史、医书、药典、农书、文学作品等，记录了大量尚未见经传、流散于民间的诗歌、谚语、歌谣、楹联、传说故事等。丛书在文献资料整理、文化创作等方面具有高度的创新性、思想性和学术性，并具有重要的社会价值、文化价值、科学价值和出版价值。

对中华传统食材的传承和创新是该丛书的重要特点。一方面，丛书对中国传统食材及文化进行了系统、全面、细致的收集、总结和宣传；另一方面，在传承的基础上，注重食材的营养、加工等方面的科学知识的宣传。相信“中华传统食材丛书”的出版发行，将对实现“健康中国”的战略目标具有重要的推动作用；为实现“大食物观”的多元化食材和扩展食物来源提供参考；同时，也必将进一步坚定中华民族的文化自信，推动社会主义文化的繁荣兴盛。

人间烟火气，最抚凡人心。开卷有益，让米面粮油、畜禽肉蛋、陆海水产、蔬菜瓜果、花卉菌藻携豆乳、茶酒醋调等中华传统食材一起来保障人民的健康！

中国工程院院士

2022年8月

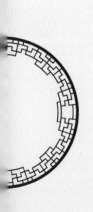

序

民以食为天。饮食关系到人的生存根本。古代劳动人民为生存需要，尝百草而始农业，种五谷以为食物。我国有着悠久的食材演变历史和深远的饮食文化。千百年来，中国的医家、儒家、道家、佛家、美食家以及广大民众，通过长期的实践和感悟，形成博大精深的饮食文化。正如孙中山先生在《建国方略》中所说："我中国近代文明进化，事事皆落人之后，惟饮食一道之进步，至今尚为文明各国所不及。至于中国人民饮食之习尚，则比之今日欧美最高明之医学卫生家，所发明最新之学理，亦不过如是而矣。"

饮食与健康息息相关。在与疾病作斗争的过程中，人们发现一些植物既具有食用功能，又具有一定的药用价值，即所谓"药食同源"。这其中有些已经被人类开发为作物而加以人工栽培，有些仍存于山野之间靠自然繁衍，所谓野果者当属此类，可食可药，别有风味和妙用。我国幅员辽阔，植物资源丰富。现代社会发展迅猛，野生生物资源的功能开发和高效利用越来越受到重视，野生果品更加受到消费者青睐。我国野生果品资源种类繁多，应用历史悠久，文化积淀丰富，加之现代营养学和中药药理学研究的融入，对其价值的认识也更加全面。野生果品无农药污染和工业污染，果实中含有丰富的维生素、糖类有机酸和生物类黄酮等成分，具有独特的保健功效。开发野生果品资源，对改变人们的膳食结构，提高国民身体素质以及增加经济收入和出口创汇都具有重要意义。因此，系统地阐发和总结野生果实的食用价值和药用价值，对科学合理地开发利用野生果品资源，变资源优势为商品优势，繁荣乡村经济都具有重要意义。

习近平总书记高度重视食品安全健康问题，多次强调："一个国家只有掌握粮食和食品安全的主动权，才能掌控经济社会发展这个大局。"近年来，国家高度重视绿色食品资源的开发和健康功能食品的研究，取得了一大批先进实用的科研成果，丰富了人们的食品选择，引导健康的食品消费。为迎合时代发展和消费需要，张银萍等编者选择了几十种常用的野生果品，在系统地收集整理相关研究成果和科学归纳的基础上，编撰成书。本书引经据典，图文并茂，诗词故事引人入胜，充分展示了野生果品独特的营养功能和切实的食疗魅力。野生果树大多分布于偏僻山区，开发野生果品及其食品资源，实行产业化绿色生产，也是山区农民脱贫致富的有效路径。我相信该书的出版，对人们认识野生果品的营养和食疗价值，充分利用资源，开发野果食品，传承中华食疗文化都有一定的裨益和帮助。

是为序。

杨剑波

2022年7月7日

目录

使君子

竹篱茅舍趁溪斜，白白红红墙外花。
浪得佳名使君子，初无君子到君家。

——《使君子》（宋）无名氏

一、物种本源

拉丁文名称，种属名

使君子，为使君子科风车子属植物使君子［*Combretum indicum*（L.）Jongkind］的果实，又名舀求子、史君子、四君子等。

形态特征

使君子属于攀缘状灌木，高2~8米。小枝被棕黄色柔毛，叶子呈卵形或椭圆形，端部短而尖，基部钝圆，表面无毛，背面有棕色柔毛。花苞片卵形或线状披针形，花瓣长1.8~2.4厘米，初白色，后淡红色，顶部花朵呈穗状。成熟的果实外皮脆薄，呈青黑色或栗色。

习性，生长环境

使君子产于四川、贵州至南岭以南各处，长江中下游以北无野生记录，主要分布在福建、江西南部、湖南、广东、广西、四川、云南、贵州等地。使君子在生长期间需要较多的肥料。在定植的时候要施足量的基肥，此后要进行追肥。在春夏季节，要追肥一到两次，开花前也要给予使君子充足的养分，满足使君子开花消耗的营养。喜高温多湿的环境，不耐寒，不耐干旱，在肥沃富含有机质的沙质土壤中生长最佳。花期为每年5—9月份，果熟期为9—10月份。

二、营养及成分

据测定，使君子中含使君子酸、使君子酸钾等多种具有驱虫作用的成分，还含蔗糖、葡萄糖、果糖、苹果酸、柠檬酸、琥珀酸、生物碱及脂肪油、钾离子、钠离子等。

三、食材功能

性味 味甘，性温。

归经 归脾、胃经。

功能

（1）使君子具有抑制肠道杆菌、抑制真菌、抗滴虫、驱蛔虫、驱绦虫、驱蛲虫等功能。

（2）使君子具有健脾和抑制小肠运动的作用，也具有保护肝脏的功能。

四、烹饪与加工

现代研究表明，使君子的炮制方法从古至今变化不大，史书记载主要有焙制、火炮、煨制、蒸制等炮制方法。与古代的炮制方法相比较，现代的烹饪方法简单易行且有新技术引入。

使君子果实

使君子粉

一般在使君子果实成熟时采摘。采摘后除去杂质，并使之干燥备用。用时在子火或微火中烧至皮焦仁黄时取出，去壳服用；或取出使君子果仁，放入热锅中，用文火炒至有香气，研磨成粉末，备用。

使君子粉

五、食用注意

（1）服用过多会引起头晕目眩、恶心等反应。

（2）生食副作用较大，炒后副作用稍轻。

传说故事

使君子治小儿疳积与虫痛

相传，古代潘州有位名医叫郭使君，善治小儿之疾。他在治疗小儿病症的时候，经常独用一味草药，烧焦后让小儿吃，香甜可口，小儿喜欢吃，又能治虫痛。后来人们就把这味草药取名为“使君子”。使君子主治小儿疳积与虫痛，是很好的小儿良药，所以民间有俗语云：“欲得小儿喜，多食使君子。”

益智仁

花开三节去年丰，今岁无花苦岁凶。
益智不如多益饱，免教饥馁怨春丛。

——《益智子（其一）》
（明）王佐

一、物种本源

拉丁文名称，种属名

益智仁，为姜科山姜属植物益智（*Alpinia oxyphylla* Miq.）的果实，又名益智子、摘艼子等。

形态特征

益智植株高达3米；叶披针形，先端尾尖，基部近圆；叶柄短，长1~2厘米。花冠管长0.8~1厘米，唇瓣倒卵形，粉白色，具红色脉纹。果实为椭圆形，两端略尖；表面为棕色或灰棕色，有纵向凹凸不平的棱线。果皮薄而较韧，与种子团紧贴。种子团被隔膜分为3瓣，每瓣有种子6~11粒。种子呈不规则的扁圆形，略有钝棱，直径约3毫米，表面为灰褐色或灰黄色，外被淡棕色膜质的假种皮，有特殊的香气。

习性，生长环境

益智主要分布于我国的广东、广西、海南、福建等地。其果实益智仁为海南的地道药材，与槟榔、砂仁、巴戟天合称为我国的四大南药。

二、营养及成分

据科学测定，益智仁的主要营养成分为挥发油，油中含蒎烯，益智酮A、B，益智醇等。此外，尚含锌、铜、铁、钙、镁及11种非必需氨基酸和8种人体必需氨基酸。每100克益智仁所含部分营养成分见下表所列。

碳水化合物	23克
蛋白质	7.8克
脂肪	3.7克

三、食材功能

性味 味辛，性温。

归经 归脾、肾经。

功能

（1）保护神经，提高学习和记忆能力。益智仁可提高细胞生存能力，减轻DNA降解程度，能显著提高记忆能力。

（2）抗氧化和抗衰老作用。益智仁经提取挥发油后的渣、益智茎叶的提取物对猪油脂质均有较强的抗氧化活性；益智乙醇提取物和益智渣具有较强的清除H_2O_2、羟自由基的性能。研究发现，0.3%的益智仁水提液能够加快多刺裸腹蚤生长速度，提高生育能力，延长其平均寿命，有较为明显的抗衰老作用。

（3）抗疲劳和抗应激作用。益智仁能显著改善运动对肝脏细胞的损伤，具有比较明显的抗疲劳作用。另外，益智仁具有耐缺氧、耐高温作用，可使处于应激状态下的机体体力增强，耗氧降低，耐高温环境，对机体重要器官具有保护作用。

（4）抑菌作用。研究发现，益智仁挥发油对大肠杆菌、金黄色葡萄球菌和绿脓杆菌均有明显的抑制作用，而且益智仁挥发油能够显著促进药物经皮肤吸收且不产生刺激性或毒性。

四、烹饪与加工

益智仁粥

（1）材料：益智仁、糯米、食盐。

（2）做法：将益智仁用冷水泡20分钟，大火煮沸，调小火煮20分钟，倒出汤汁；再加入清水，煮沸20分钟，取汁，两次汤汁混匀倒入砂锅；然后加入淘净的糯米和适量的清水，大火煮沸后调小火熬煮至米烂粥稠；最后加入食盐即可食用。

益智仁乌鸡汤

（1）材料：益智仁、山药、党参、生姜、红枣、乌鸡、食盐。

（2）做法：将乌鸡洗净焯去血水，其他食材洗净，放入砂锅内，加入适量清水，武火煮沸后，改文火煮1小时，加入适量食盐调味即可食用。

益智仁乌鸡汤

益智仁粉

（1）材料：益智仁。

（2）做法：将益智仁醋炒研细末，开水冲服。

益智仁粉

莲龙茶

（1）材料：莲子、龙骨、益智仁、绿茶。

（2）做法：将莲子、龙骨、益智仁放入水中煎煮10分钟后取其煎煮液，然后倒入绿茶中，即可饮用。

五、食用注意

（1）阴虚火旺或因热而患遗滑崩带者忌服益智仁。

（2）《本经逢原》记载：“血燥有火，不可误用。”

（3）《本草备要》记载：“因热而崩，浊者禁用。”

传说故事

仙人指点得益智

相传，很久以前，有一个员外，富甲一方，可成亲多年却膝下无子，在年过半百的时候才得一子，取名叫来福，举家欢庆。可是来福自小体弱多病，头长得特别大，流口水，行为反应迟钝，呆滞木讷，同时还有一个特殊的毛病，就是每天都尿床，所以别人又叫他赖尿虫。

有一天，一个老道云游到此，向员外询问了孩子的情况后，拿起拐杖往南边一指，说："离此地八千里的地方有一种仙果，可以治好孩子的病。"并在地上画了一幅画，画中是一棵小树，小树叶子长得像姜叶，根部还长着几颗核状的果实，说完便走了。虽然员外觉得路途十分遥远，困难会不少，但是为了医好几代单传的儿子，决定亲自去寻找仙果。员外一路跋山涉水，不知经历了多少个日日夜夜，终于精疲力竭，坐在深山之中，就在这时突然看到了老道所说的那种植物，员外想这一定就是仙果了，他就摘了满满的一袋，踏上了返回之路。由于员外所带食物已经耗尽，沿途又人烟稀少，他只好每天吃十颗仙果充饥，奇怪的是，自从吃了那仙果后，他的记性越来越好，精力也十分旺盛，很快便回到家中。

功夫不负有心人，来福吃到仙果后，身体一天比一天强壮，以前所有的症状都消失了，变得开朗活泼、聪明可爱，后来还上了私塾，琴棋书画无所不通，遇事一点即明，看书过目不忘。十八岁那年，他参加了科举考试，结果金榜题名，高中状元。人们为了纪念改变来福命运的仙果，便将仙果取名为"状元果"，又叫"益智仁"。

金樱子

采采金樱子，采之不盈筐。
佻佻双角童，相携过前岗。
采采金樱子，芒刺钩我衣。
天寒衫袖薄，日暮将安归。

——《金樱子》
（南宋）丘葵

一、物种本源

拉丁文名称，种属名

金樱子，为蔷薇科蔷薇属植物金樱子（*Rosa laevigata* Michx.）的果实，又名刺梨子、山石榴、山鸡头子等。

形态特征

金樱子为攀缘灌木，高达5米。茎具倒钩状皮刺和刺毛，单数羽状复叶互生，小叶椭圆状卵形、倒卵形或披针卵形，长2~6厘米。春末夏初开花，花大，单生于侧枝顶端；花梗粗壮，花冠白色，芳香。果实是由花托发育而成的假果，呈倒卵形，略似花瓶，长2.5~4厘米，直径1~1.5厘米。果实表面为红黄色或棕红色，稍有光泽，上端如盘状，下端略尖，全身有刺毛脱落后的棕褐色凸起小点；果皮厚1.5~2毫米，淡橙色，内表面密生淡黄色有光泽的绒毛，内含多数小瘦果。

金樱子果实

习性，生长环境

金樱子广泛分布于江苏、湖南、广西、广东、江西、浙江、安徽等地，喜生于向阳的山野、田间、溪畔等处的灌木丛中，海拔200~1600米。花期4~6月，果期7~11月。

二、营养及成分

成熟的金樱子中含有丰富的营养物质，富含维生素C、维生素B_1、维生素B_2、胡萝卜素，脂肪含量也较高，而人体必需的亚油酸占总脂肪酸含量的20.1%。果实中的氨基酸种类齐全，总共19种，其中人体必需氨基酸的含量占总氨基酸含量的53.5%。除此之外，还含有18种无机盐与多种矿物质。金樱子果实中的总糖含量达24%，其中多糖含量约为金樱子果实的8.7%，金樱子果肉中的黄酮含量约为6.5%。

三、食材功能

性味 味酸、涩，性平。

归经 归肾、膀胱、大肠经。

功能

（1）抗菌。研究发现，金樱子提取液可杀死金黄色葡萄球菌及大肠杆菌等，可用来治疗因金黄色葡萄球菌或大肠杆菌感染而导致的疾病。

（2）抗氧化。金樱子多糖能显著清除超氧阴离子自由基，抑制羟自由基对细胞膜的破坏而引起的溶血和脂质过氧化物的形成，从而具有显著的抗氧化作用。

（3）降血脂。金樱子酒中含有脂肪酸及皂苷等，能降低血脂，减少脂肪在血管内的沉积，可用于治疗动脉粥样硬化症。

四、烹饪与加工

金樱子在传统工艺上多为药用，可以煎煮去渣后取汁饮用，也可将其清洗干净后放入锅中，加入清水与粳米一起熬煮食用，或直接用沸水冲泡饮用。

天然着色剂

金樱子果实中提取的棕色素为天然色素，适合于饮料尤其是果酒和带色酒的着色。

果酒饮料

金樱子果肉中富含糖、柠檬酸、苹果酸、皂苷、鞣质、树脂、矿质元素等成分，风味独特，兼具营养、保健等功能，金樱子果实加工可制成果酒或饮料，或者与猕猴桃等水果一起加工成保健复合饮料。

金樱子酒

五、食用注意

（1）患出血性疾病、服用维生素K时不宜食用金樱子。

（2）泌尿系统结石患者、消化系统溃疡患者不宜饮用金樱子饮料。

（3）实火邪热者忌食金樱子。

金樱子的传说

相传以前，一家兄弟三人都成家立业了，兄弟妯娌之间也和睦团结。美中不足的是，老大、老二虽然娶了妻但没生子，只有老三生了一个儿子，所以一家三房个个都把老三的儿子当成了心肝宝贝。

十几年过去了，心肝宝贝在全家人的呵护下长成了一个四方大脸、浓眉大眼、憨憨实实的一个小伙子。老哥仨急着给孩子说媳妇，可孩子就是有个见不得人的病：尿炕。谁家姑娘都不愿意嫁一个尿炕的丈夫。全家人到处寻医问药，郎中请了一个又一个，药吃了一剂又一剂，却总不见效。

这一天，有个身上背着药葫芦的老人来到他们家找水喝。老人年纪已经很大了，背的药葫芦上面还拴着一缕金黄的缨子，喝完水，道了声谢，转身要走了。可老人看见这家人个个唉声叹气、愁眉苦脸，就主动问道："老兄弟家可有什么为难事儿?"大家看见老人身背药葫芦，就说："实不相瞒，我家的孩子十七八岁了，可尿炕的毛病总是治不好，老者可有什么好药可以治吗?"老人说："眼下我葫芦里没有药。不过，我认识一种药是专治尿炕的。这种药得到有瘴气的地方去找、去挖，毒气熏人啊。"老哥仨一听，都跪下了，恳求老人说："请你行行好，辛苦跑一趟吧，我们全家就守着这根独苗，他要成不了亲，我们全家就断了后了。"老人叹了口气，说："我也没儿子，知道没后人的苦衷，我就跑一趟吧。"

说完，老人背着药葫芦走了。全家人天天在等，一直等到九九八十一天，这天晚上天都黑下来了，老人才一步一拖地来到老哥仨的家门口。

老人面色苍白、全身浮肿，路都走不动了。老哥仨急忙把老人扶进屋里坐下，倒碗水给老人喝了，老人这才缓过一口气来，说：“我中了瘴气的毒，没有药可解啦。”老人说着从背上解下药葫芦，从中倒出一种小粒的药来，说：“这药服后能治好你们孩子的病。”老人说完倒下就死了。老哥仨都难过得痛哭，全家人用厚礼把老人埋葬了。办完了丧事之后，全家记起老人千辛万苦找来的药，赶紧拿给孩子服了。药味并不苦，还带点甜味呢，连服了几次，孩子病就好了，之后，他就娶上了媳妇。过了一年，老哥仨就抱上了白胖胖的大孙子。

为了纪念这个舍己为人的挖药老人，他们就把老人挖来的药取名叫“金缨”，那是因为老人始终没留名也没留姓，只记得他背的药葫芦上系着一缕金黄的缨子。叫来叫去，就把“金缨”叫成了“金樱子”。以后，凡尿炕或尿频，吃金樱子准能药到病除。

药就这么一代代地流传下来，故事也就这样一代又一代地流传下来了。

刺梨

刺梨花开淡淡红，柳絮轻拂舞东风。
惆怅本是一株雪，何人看破识雌雄。

——《咏刺梨》（近代）刘雅平

一、物种本源

拉丁文名称，种属名

刺梨，为蔷薇科蔷薇属植物缫丝花（*Rosa roxburghii* Tratt.）的果实，又名送春归、文光果等。

形态特征

缫丝花，灌木，高1~2.5米。小叶椭圆形或长圆形，稀倒卵形，长1~2厘米，边缘有细锐锯齿。开淡红或粉红色的花，夏花秋实。果实多为扁球形，横径一般为3~4厘米，成熟时为绿红色。果肉脆，成熟后有浓浓的芳香味。果皮上密生小肉刺，俗称“刺梨”。

习性，生长环境

缫丝花主要分布于陕西、甘肃、湖南、湖北、贵州等地，喜温暖湿润和阳光充足环境，适应性强，较耐寒，稍耐阴，对土壤要求不严。花期在5—7月份，果期在8—10月份。

二、营养及成分

刺梨中的维生素C含量非常高，每100克鲜果肉中，含粗蛋白3.8%、油脂0.88%、总糖4.2%~4.5%（其中还原糖2.6%）、鞣酸0.6%、总酸（以苹果酸计）1.3%，另外还含有维生素B_1、B_2、B_3等。每100克刺梨所含部分营养成分见下表所列。

碳水化合物	16.9克
纤维素	4.1克
蛋白质	0.7克

三、食材功能

性味 味酸、甘、涩，性平。

归经 归肺、胃经。

功能

（1）对消化系统功能的影响。刺梨95%乙醇提取物（R7）及R7的乙醚提取物（B部分），对大鼠或兔的离体回肠的自发活动都有明显的抑制作用，且证明这一作用与所含维生素C无关。在灌服刺梨汁后，大鼠胃或小肠平滑肌基本电节律几乎无变化，但是能促进胃肠平滑肌峰电活动，尤其以小肠平滑肌为显著。大鼠灌服1：2稀释的刺梨汁可加速胃肠的排推作用，服用刺梨汁1小时之内有增加家兔胆道压力的作用。

（2）降血脂及抗动脉粥样硬化。在鹌鹑和日本大耳白兔建立的动脉粥样硬化模型中，对这两种动物每日分别喂以刺梨汁12.8克/千克和果汁40毫升，均能使其血脂水平显著降低，尤其是降低低密度脂蛋白–胆固醇（LDL–C）的作用更为明显。实验组肝脏大小与对照组相似，颜色略

刺梨干

黄，肝重/体重比值趋于正常。实验组动脉内膜仅有散在的点状粥样硬化斑块，病理改变轻微，以上结果说明刺梨果汁能降脂，延缓或阻断动脉粥样硬化（AS）斑块的形成和发展。

（3）抗氧化作用。刺梨果汁糖浆，系SOD强化的刺梨浓缩汁，每次40毫升，2次/天，连续服用60天可使52例冠心病人血清过氧化脂质（LPO）水平下降，红细胞超氧化物歧化酶（SOD）活性上升，使SOD/LPO比值增大，证实刺梨果汁可使体内脂质过氧化速率降低，抗氧化能力增强，有利于清除自由基。

四、烹饪与加工

刺梨果实可加工成果汁、果酱、果脯、糖果、糕点等。刺梨也可以酿酒。《滇黔纪游》谓此酒“味甚佳，是古制也”，有健胃消食等功效。

刺梨果酱

刺梨蜜膏

刺梨适量，加水煎汤，浓缩成膏，或加蜂蜜等量。每次1~2匙，沸水送服。刺梨与蜂蜜同用，有养阴生津和清热作用，用于胃阴不足、热伤津液、口干口渴等症。

刺梨糯米酒

刺梨糯米酒是将糯米酒与刺梨原酒调配而成的高级营养低度酒。

其工艺流程：糯米→浸泡→蒸米→淋水（加曲）→入罐糖化→提汁（米糟加水发酵蒸馏得米酒）→米酒加提汁加刺梨原酒调配（按比例混合）→下胶→加热→贮存→过滤→成品→装瓶→入库。

五、食用注意

（1）患金疮、妇人产后、脾虚泄泻、胃冷呕吐、小儿痉挛忌食用刺梨。

（2）脾胃虚寒患者不宜吃刺梨。

传说故事

诸葛亮与刺梨

相传三国时期，孟获在云贵边界造反，彼时，那里经常瘴气弥漫，瘟疫流行。诸葛大军浩浩荡荡到达安顺，正逢当地雨季，大军捡高地扎寨，埋锅做饭，并派人四处打探军情。正欲点兵，突然，中军来报。大营内许多军士不知怎么回事，腹痛恶心，病倒许多。诸葛亮闻报大惊。这十万大军可不能有任何闪失啊！假如平不了孟获，边境将永无宁日了。他命令随军医师前往治疗。谁知，军士服药后一点起色都没有，诸葛亮愁绪交加，也病倒了。

在这危难之时，突然有人前来求见诸葛亮，说有良策告知，诸葛亮急忙招其来大营。此人乃汉人，人称“醉葫芦”，先祖为刘邦军士，后因为作战受伤被当地人收留治疗，后来就留在了此地。他很仰慕诸葛亮，又听说刘备是刘邦的后裔，就急忙前来献策。

他问清了诸葛亮及其众军士的病情，不慌不忙地从怀中掏出一个葫芦，拔开塞子，一股奇香冲进大家的鼻孔。诸葛亮只喝了一口，便觉得心旷神怡，诸病全无，当即让帐下军官试之，军官当场也好了许多。诸葛亮问醉葫芦：“我乃十万大军，生病者已经占了三成，如何处置？”只见醉葫芦笑曰：“我有良策。请派人跟我来！”

不一会儿，众军士用马匹带回十几个大坛子，全是幽香无比的好酒，凡生病者每人一杯，众军士喝下此酒，病体痊愈，并且功力大增，为夺取关隘，七擒孟获打下了基础。事后，诸葛亮问醉葫芦这酒为什么有如此神力，醉葫芦说：“对云贵边界的瘟疫，唯一能治疗的物品就是云果（刺梨）。”诸葛亮急忙让随军医师记下，并让军士采集样品，使其成为军中圣品。

山杏

北园山杏皆高株，新枝放花如点酥。
早来其间有啼鸟，儿女尽识名提壶。
急教取酒对之饮，满头乱插红模糊。
可怜后日再来此，定见随风如锦铺。

——《惜杏》（北宋）文同

一、物种本源

拉丁文名称，种属名

山杏，为蔷薇目蔷薇科李属植物山杏（*Prunus sibirica* L.）的成熟果实，又名西伯利亚杏等。

形态特征

山杏，灌木或小乔木，高2～5米；树皮暗灰色；小枝灰褐色或淡红褐色。叶片呈卵形或近圆形，长5～10厘米，宽4～7厘米；叶柄长2～3.5厘米，无毛。花单生，直径1.5～2厘米，先于叶开放；花梗长1～2毫米；花瓣近圆形或倒卵形，白色或粉红色。果实呈扁球形，直径1.5～2.5厘米，黄色或橘红色；核扁球形，易与果肉分离，两侧扁，顶端圆形，表面比较平滑，腹面宽而锐利，种仁味苦。

习性，生长环境

山杏主要分布于我国黑龙江、吉林、辽宁、河北、内蒙古自治区、山西等地，常生长于海拔700～2000米且干燥向阳的山坡、丘陵、草原，或与落叶乔灌木混生。在深厚的黄土或冲积土上生长良好，适应性强，喜光，根系发达，深入地下，具有耐寒、耐旱、耐瘠薄的特点。在-40～-30℃的低温下能安全越冬生长，在7—8月份干旱季节，即当土壤含水率低至3%～5%，山杏也能叶色浓绿，正常生长。山杏定植4～5年开始结果，10～15年进入盛果期，寿命较长。花期在3—4月份，果期在6—7月份。花期遇霜冻或阴雨易减产，产量不稳定。

二、营养及成分

山杏肉中含有多种维生素、矿物质和碳水化合物；山杏仁中含蛋白质21%，脂肪50%，多种游离氨基酸及苦杏仁苷、苦杏仁酶等。种仁脂肪酸共检测出6种饱和脂肪酸和5种不饱和脂肪酸，不饱和脂肪酸总量占脂肪酸总量的95.1%～95.5%。山杏叶中含粗蛋白12%，粗脂肪4%～8%。一般山杏的出核率为40%，核出仁率为30%，杏仁出油率为30%～45%。

三、食材功能

性味 味甘、酸，性温。

归经 归肺、大肠经。

功能

（1）山杏果和山杏仁，有润肺平喘、生津止渴的功效，适合咳嗽、气喘、胸满痰多、血虚津枯、肠燥便秘等症。

（2）山杏仁中含有苦杏仁苷，具有镇咳、平喘、降压、杀菌、驱虫、防治糖尿病、镇痛、抗病毒及降低胃蛋白酶活性的作用。

去皮山杏仁

（3）山杏仁中胡萝卜素的含量在果品中仅次于芒果，苦杏仁能止咳平喘、润肠通便，可治疗肺病、咳嗽等疾病。

（4）山杏仁中还含有丰富的黄酮类和多酚类成分，不但能够降低人体内胆固醇的含量，而且能显著降低心脏病和多种慢性病的发病风险。山杏仁还有美容功效，能促进皮肤微循环，使皮肤红润光泽。

（5）山杏叶中含有丰富的黄酮类、酚酸类和三萜酸类等药用成分，其中，黄酮类和酚酸类物质具有良好的抗炎、镇痛、抗氧化等作用。

四、烹饪与加工

红薯杏仁

（1）材料：糖、去皮山杏仁、红薯干。

（2）做法：锅中放少许水，加入200克糖，中高火加热6~7分钟，炒成黏稠状。放入100克山杏仁，再炒2分钟，将糖完全裹在山杏仁上。出锅冷却后与红薯干拌匀，即可食用。

杏仁汤

（1）材料：去皮山杏仁。

杏仁汤

（2）取干净去皮山杏仁，置锅内，用文火炒至微黄色，取出放凉。食用汤之前，加入适量炒熟杏仁即可。

五、食用注意

山杏果肉及山杏仁性温，易伤脾胃，故不宜多食，尤其是幼儿多食有生疮的害处。

延伸阅读

山杏仁的药用传说

相传，隋代有一位叫星云的翰林学士，夜宿避暑山庄庙观，梦见一个道士对他说：“吃山杏仁可以使你老而健壮，心力不倦。”翰林梦得此方，如获至宝，从此，每天临睡前将七枚山杏仁含入口中，细嚼慢咽吞进肚里，一年后果然脑力聪慧，身健如牛。

山桃

山桃红花满上头，蜀江春水拍山流。
花红易衰似郎意，水流无限似侬愁。

——《竹枝词》（唐）刘禹锡

一、物种本源

拉丁文名称，种属名

山桃，为蔷薇科李属植物山桃树［*Prunus davidiana*（Carrière）Franch.］的成熟果实，又名野桃、苦桃、山毛桃等。

形态特征

山桃树，乔木，高可达10米；树皮呈暗紫色，光滑；小枝细长，直立。叶片卵状披针形，长5～13厘米，宽1.5～4厘米；叶柄长1～2厘米，无毛，常具腺体。花单生，先于叶开放，直径2～3厘米；花梗极短或几无梗；花瓣倒卵形或近圆形，长10～15毫米，宽8～12毫米，粉红色，先端圆钝；雄蕊多数，几与花瓣等长或稍短。果实近球形，直径2.5～3.5厘米，淡黄色；成熟时不开裂；核球形或近球形，两侧不压扁，顶端圆钝，与果肉分离。

习性，生长环境

山桃喜光，耐寒，对土壤适应性强，耐干旱、瘠薄，怕涝。山桃广泛分布在甘肃、陕西、山东、山西、四川、云南、河北等地，生长于山坡、山谷、沟底，或荒野疏林及灌木丛之内，海拔800～3200米。花期在3—4月份，果期在7—8月份。

二、营养及成分

据测定，山桃中含有胡萝卜素，维生素B_1、B_2、C、E，钙、磷、铁以及有机酸等，并富含果胶。山桃仁含油50.9%，硬脂酸1.5%，十六碳烯酸1.2%，油酸71.5%，亚油酸17.6%。每100克山桃所含部分营养成分见下表所列。

去皮山桃仁

碳水化合物	7.3克
膳食纤维	3.9克
蛋白质	0.5克
脂肪	0.1克

三、食材功能

性味 味甘、酸，性平。

归经 归心、肝、大肠经。

功能

（1）山桃仁可以入药，主治活血祛瘀、润肠通便，用于经闭、痛经、跌打损伤、肠燥便秘。

（2）山桃仁含有较多的蛋白质及人体营养所必需的不饱和脂肪酸，这些成分皆是大脑组织细胞代谢的重要物质，能够滋养脑细胞，增强脑功能。

（3）山桃仁含有大量的维生素E，经常食用有润肌肤、乌须发的作用，可以使皮肤滋润光滑，富有弹性。

（4）山桃仁具有缓解疲劳和压力的作用，还可以用于血滞、血瘀腹痛等病症。

（5）山桃仁可作为制糖果及糕点的佐料，还可以润肺补气、养血平喘、润燥化痰。

四、烹饪与加工

山桃仁粥

（1）材料：去皮山桃仁、糯米、红枣、花生。

（2）做法：将去皮山桃仁、糯米、红枣、花生洗净后，加入适量水，武火煮沸，文火熬煮30～50分钟后即可食用。

山桃仁粥

五、食用注意

（1）服用糖皮质激素时不宜食用山桃。

（2）服退热净、阿司匹林、布洛芬时不宜食用山桃。

（3）如遇到长有两仁的山桃最好不食用。

传说故事

神奇的山桃木

山桃木木质细腻，木体清香，李时珍曾在《本草纲目》中写道“桃味辛气恶，故能厌邪气”。

山桃木在我国民间文化和信仰上有极其重要的位置。山桃木亦名“降龙木”，我国最早的春联都是用山桃木板做的，又称桃符。宋代，人们便开始在山桃木板上写对联，一则不失山桃木镇邪的意义，二则表达自己美好的心愿。因此新春之际在家门口张贴春联的风俗一直绵延至今。

也有一说是和夸父有关，相传夸父逐日饥渴而死，临死前，他将手中的杖一抛，化为一片邓林，也就是桃林，是为了让后世追日的人能够吃到甘甜可口的桃子。

山樱桃

山樱桃辛性属平，益气补中固涩精。
痢疾腹泻煎饮效，虚弱遗精服适应。

——《药性诗诀》（明）沈应旸

一、物种本源

拉丁文名称，种属名

山樱桃，为蔷薇科李属植物山樱桃［*Prunus tomentosa*（Thunb.）Wall.］的果实，又名山豆子、毛樱桃、梅桃、野樱桃等。

形态特征

山樱桃树，灌木，通常高0.3～1米，稀呈小乔木状，高可达2～3米。小枝紫褐色或灰褐色。叶片卵状椭圆形或倒卵状椭圆形，长2～7厘米，宽1～3.5厘米，上面暗绿色或深绿色，下面灰绿色；叶柄长2～8毫米，被绒毛或脱落稀疏；托叶线形，长3～6毫米，被长柔毛。花单生或2朵簇生，花叶同开，近先叶开放或先叶开放；花梗长达2.5毫米或近无梗；花瓣白色或粉红色，倒卵形，先端圆钝。核果近球形，红色，直径0.5～1.2厘米；核表面除棱脊两侧有纵沟外，无棱纹。

习性，生长环境

山樱桃主要分布于黑龙江、吉林、辽宁、内蒙古自治区、河北、山西、陕西、甘肃、宁夏回族自治区、青海、山东、四川、云南、西藏自治区，生长于山坡林中、林缘、草地或灌丛中，海拔100～3200米。花期在4—5月份，果期在6—9月份

二、营养及成分

每100克山樱桃中含可溶性固形物15.2%、蛋白质15%、果酸2.32%，还含维生素C、氨基酸、铁、钙、铜、锰、锌以及丰富的胡萝卜素、维生素B_1、维生素B_3等。

三、食材功能

性味 味微辛、微甘，性平。

归经 归脾、肾经。

功能

（1）补血养颜。山樱桃含铁量高。铁是合成人体血红蛋白、肌红蛋白的原料，在人体免疫、蛋白质合成以及能量代谢的过程中，发挥着重要的作用，同时也与大脑及神经功能、衰老过程等有着密切关系。常食樱桃可补充体内对铁元素量的需求，促进血红蛋白再生，既可以预防缺铁性贫血，又可以增强体质、健脑益智。

（2）美白祛斑。山樱桃具有很强的美容养颜功效，因为山樱桃不仅营养丰富，同时其含有的蛋白质、糖、磷、胡萝卜素、维生素C等物质含量比苹果和梨要高。经常用山樱桃汁来涂擦面部以及皱纹部位，可以让面部的皮肤变得更加红润嫩白，还可以去皱消斑。

（3）驱虫杀虫。山樱桃中含有大量的黄酮类物质和花色素苷，能祛风除湿、杀虫，有助于缓解风湿腰腿疼痛。

四、烹饪与加工

山樱桃果酱

（1）材料：山樱桃、白糖、柠檬酸。

（2）做法：先将新鲜的山樱桃洗净、去核，搅碎成泥状；接着将山樱桃泥和水倒入锅中，煮沸5~7分钟，随即加入白糖和柠檬酸，改用文火慢煮，并不断搅拌；20~25分钟后即可离火，晾凉后盛入容器中，置阴凉通风处保存，随吃随取。

山樱桃果酱

五、食用注意

山樱桃性温，应适量食用，避免食多上火。

樱桃女的传说

相传，八仙聚会蓬莱仙岛，散会的时候，铁拐李意犹未尽，对众仙说：“都说蓬莱、方丈、瀛洲三神山景致秀丽，我等何不去游玩？”众仙齐声附和。吕洞宾说：“我等既为仙人，今番渡海不得乘舟，只凭个人道法，意下如何？”众仙听了，欣然赞同。

逍遥闲散的汉钟离，把手中的芭蕉扇甩开扔到大海里，他睡眼惺忪地跳到迎波踏浪的扇子上，向大海深处漂去。天色微亮的时候，汉钟离从梦中醒来，见他乘坐的芭蕉扇已经抵近了一处海边，海边是一片金黄的沙滩。汉钟离揉揉眼睛，却突然看见一位长发飘飘的女子从沙滩上一跃跳入了波涛汹涌的海水中，说时迟那时快，汉钟离只将手掌轻轻一仰，那女子就从水里升了出来。

女子美若天仙，一边哭一边讲起了她的遭遇。“俺的名字叫樱桃，家住南面不远的一个叫‘地北头王家’的村子。俺村有个做绿豆粉丝的大财主，人称‘活阎王’，前天带着一群家丁去了俺家，要我去给他当小老婆，今天上午就来娶。”“大胆，无法无天！走，俺去会会这个活阎王去！”汉钟离怒气冲天。说罢，汉钟离芭蕉扇一摇，就带着樱桃女飞去了地北头王家村。

樱桃女的家门外围了一群人，还有一些佩刀的年轻人。汉钟离拨开人群往院子里一看，惨不忍睹，此时樱桃女的父母和两个哥哥都倒在血泊里。“大胆的活阎王！你害了四条人命，还要霸占人家闺女吗？”只见汉钟离扇子一搧，持刀的家丁还有活阎王瞬间变成一群黑猪。

汉钟离要走的那天，樱桃女跪着不起来。“将军，让我随你去吧，一辈子侍候你。”汉钟离痛惜地说：“错了，姑娘，过去俺是将军，现在俺是仙人，天命不可违呀！”无奈，樱桃女就一直留在地北头王家村料理粉丝作坊，一生未嫁，传说她一直活了289岁，无疾而终。死后，她化作了一棵山樱桃树。

欧李

嘉李繁相倚，园林澹泊春。
齐纨剪衣薄，吴纻下机新。
色与晴光乱，香和露气匀。
望中皆玉树，环堵不为贫。

——《李花》
（宋）司马光

一、物种本源

拉丁文名称，种属名

欧李，为蔷薇科李属植物欧李［*Prunus humilis*（Bge.）Sok.］的果实，又名酸丁、乌拉奈等。

形态特征

欧李树，灌木，高达1.5米。小枝被短柔毛或几无毛。叶倒卵状长圆形或倒卵状披针形，长2.5~5厘米。花与叶同时开放，单生或2朵并生，花梗长0.5~1厘米，有稀疏短柔毛；花瓣呈白色或粉红色。核果近球形，直径约1.5厘米，熟时红色或紫红色。种子卵形，长5~8毫米，直径3~5毫米，表面黄白色或浅棕色，一端尖，另一端钝圆；种皮薄，子叶乳白色，富油性，味微苦。

习性，生长环境

欧李树在我国分布较广，黑龙江、辽宁、吉林、河北、内蒙古自治区、山东等省（区）均有分布。生于海拔100~1800米，多成片生长在河流两岸干旱的山坡及沙丘等处。花期在4—5月份，果期在6—10月份。

二、营养及成分

欧李是一种营养价值极高的水果，特别是钙的含量位居所有水果之首，被人们称为“钙果之王”。欧李果实中的多酚类物质含量丰富，包括鞣酸类、酮类、花色苷及酚酸类等，果仁中的水分含量为26%，蛋白含量为26.7%，远高于杏仁、扁桃仁、核桃仁中蛋白的含量。欧李果仁富含杏仁苷、脂肪油、皂苷和钾、钙、镁、磷等元素，与杏仁中的含量相当，显著高于核桃。另外，欧李果仁中的油脂含量丰富，高达34.6%，且不饱和脂肪酸的含量较高。

三、食材功能

性味 味甘、酸，性平。

归经 归肝、肾经。

功能

（1）补钙。欧李是一种营养价值较高的水果，它的果肉中含有多种维生素和多种矿物质与微量元素，其中钙含量丰富，而且利于人体吸收和利用，因此人们又把它叫作钙果，食用欧李对骨骼发育有很好的促进作用，同时也能降低骨质疏松的发生概率。

（2）补血。欧李还是一种能补血的特色水果，这种水果中微量元素铁的含量也很高，能促进血红细胞再生，有效缓解人类的贫血。另外，欧李中还含有多种氨基酸和一些天然的糖分，可以提高身体各器官的功能，经常食用可以延缓衰老，也能延长寿命。

（3）保健作用。欧李果实中的有机酸含量为1%~2%，是提取天然有

欧李果酒

机酸，也是改进高糖少酸饮料，制作健康饮料的首选原料。欧李中有机酸的主要成分为苹果酸，占总酸含量的70%～86%。

四、烹饪与加工

欧李果肉中含有丰富的维生素、多种矿物质以及微量元素，可以做果汁和饮料等饮品，也可以加工成果脯、果酱、果醋、果奶、果糕、果冻、果粉等休闲食品。

欧李果酱

五、食用注意

多食欧李易损伤脾胃，溃疡病及急、慢性胃肠炎患者忌食。

杨梅不敌玉李

相传，隋炀帝即位后迁都洛阳，筑起方圆200里的西苑，诏令各地将嘉木奇卉送京师置于苑内，单说李树就有玉李、蜜柑李、麦熟李等十种。隋炀帝尽情欣赏苑内美景，日暮则选择一苑过夜。一天，隋炀帝宿于明霞苑，杨夫人对他说：“玉李一夜间猛长，树荫覆盖数亩。”隋炀帝问起原因，夫人答说：“夜里仿佛听到千百人，乱哄哄地说‘李树当茂’，早晨一看果然如此。”隋炀帝自感不祥之兆。

又有一天，隋炀帝宿于晨光苑，周夫人告诉他：“苑中的杨梅，也在一夜间猛长。”隋炀帝因为自己姓杨，便喜出望外地追问：“杨梅的繁茂，能赶得上玉李吗？”夫人回答：“杨梅虽繁茂，但长势还是抵不过玉李。”隋炀帝一听，不禁神色黯然。过后，杨梅和玉李同时结果，苑妃摘下两果一并交给隋炀帝，隋炀帝当即问道：“这两种果子，哪种好吃？”苑妃回答：“杨梅表象好看，可味道清酸，比不上玉李纯甜，苑中人都爱吃玉李。”隋炀帝低头长叹：“厌恶杨梅，喜好玉李，这是人情还是天意呢？”

不久，各地起兵反隋，隋炀帝逃往扬州，苑妃发现杨梅枯萎。同时在这天传来消息，隋炀帝被缢杀，而李渊力克群雄，建立唐朝。

西府海棠

满院红绡，半楼绛雪，几丛艳冶成围。
倚栏无力，嫩柳斗腰肢。
粉壁银墙淡雅，明妆坐、人是琼枝。
东风动，花光映肉，桃晕入冰肌。
胭脂刚蘸雨，一番梳裹，别样芳菲。
似六宫昼暖，睡重杨妃。
赢得三郎一笑，花前闹、急管繁丝。
豪华甚，千堆蜀锦，那用杜陵诗。

——《满庭芳·咏西府海棠》
（清）陈维崧

| 一、物种本源 |

拉丁文名称，种属名

西府海棠，为蔷薇科苹果属植物西府海棠（*Malus × micromalus* Makino）的果实，又名海红、子母海棠等。

形态特征

西府海棠，小乔木，高2.5～5米，树枝直立性强；小枝细弱圆柱形，紫红色或暗褐色，具有稀疏皮孔。叶片长椭圆形或椭圆形，先端急尖或渐尖，边缘有尖锐锯齿；嫩叶被短柔毛，下面较密，老时脱落；叶柄长2～3.5厘米；托叶膜质，线状披针形，先端渐尖，边缘有疏生腺齿，近于无毛，早落。伞形总状花序，有花4～7朵，集生于小枝顶端，花瓣近圆形或长椭圆形，粉红色。果实近球形，红色。

西府海棠花

习性，生长环境

西府海棠在海棠花类中姿态峭立，似亭亭少女。花红，叶绿，果美，孤植、列植、丛植均很美观。花色艳丽，一般多栽培于庭园，供绿化用，花期在4—5月份，果期在8—9月份。西府海棠喜光，耐寒，忌水涝，忌空气过湿，较耐干旱，分布于我国辽宁、山东、河北、甘肃、云南、山西、陕西等地，以陕西宝鸡品种最佳。宝鸡地处关中平原西部，古代有“西府”之称，西府海棠由此而来。

二、营养及成分

每100克西府海棠所含部分营养成分见下表所列。

碳水化合物	16.6克
纤维	1.8克
蛋白质	1.3克
灰分	0.4克
脂肪	0.1克
钾	280毫克
维生素C	38毫克
磷	20毫克
钙	15毫克
镁	13毫克
铁	0.6毫克
维生素B_3	0.2毫克
铜	0.1毫克
锰	0.1毫克

三、食材功能

性味 味甘，微酸，性平。

归经 归脾、胃经。

功能

（1）生津止渴。西府海棠中含有糖类、多种维生素及有机酸，可帮助补充人体的细胞内液，从而具有生津止渴的效果。

（2）健脾开胃。西府海棠中的维生素、有机酸含量较为丰富，能帮助胃肠对食物进行消化，故可用于治疗消化不良、食积腹胀等症。

（3）涩肠止痢。西府海棠味甘微酸，甘能缓中，酸能收涩，具有收敛止泄、和中止痢之功效，能够治疗泄泻下痢、大便溏薄等病症。

（4）补充营养。西府海棠中含有大量人体必需的营养物质，如糖类、多种维生素、有机酸等，可供给人体养分，提高机体免疫力。

四、烹饪与加工

西府海棠可以直接食用，味道跟山楂差不多，有一种酸酸甜甜的口感，还可以制成蜜饯。

西府海棠酒

西府海棠中富含黄酮类营养物质，因而西府海棠酒是一种降压降脂、改善心脑血管疾病的保健酒，是一款健脾胃、助消化、增食欲的养生酒。

提取果胶和色素

果胶是一种天然的由半乳糖醛酸组成的高分子物质，具有良好的凝胶性和乳化稳定性，在食品工业中应用广泛，也是医药和化妆品行业不可缺少的辅料。西府海棠成熟时呈赤红色，含有大量的天然红色素。食用色素是食品添加剂的重要组成部分，许多化学合成色素有慢性毒性及致癌作用，因此天然食用色素的研究和开发日益受到重视。

五、食用注意

西府海棠酸甜可口，但不宜多食，特别是糖尿病患者应慎食。

传说故事

西府海棠名字的由来

西府海棠娇艳动人，据说它原来是有香味的，后来却没有了。关于这个问题，民间有个传说。玉帝的御花园里有一个花神叫玉女，是广寒宫嫦娥的好友。庆贺西王母寿辰时，如来献了几盆奇花，养于广寒宫中。玉女见了以后，十分喜欢，百般央求。嫦娥拗不过，送了她一盆。不巧的是，在门口遇到王母娘娘。王母娘娘见状十分愤怒，夺过玉兔的石杆，把玉女和她手中的花一起打下凡间。这花正好落在一个以种花为生的老汉的园子里。老汉看见一盆奇花从天而降，怕接不住，就招呼他的女儿海棠姑娘一块来接，他口中连喊："海棠！海棠！"

姑娘走到门外，看见老汉手中拿着一盆从没见过的花，就问："这花也叫海棠？"老汉看手中不知名的花和自己的女儿一样漂亮，就干脆叫它西府海棠花了。西府海棠从此在人间栽培，但香魂已随风飘去了。

五叶草莓

忆年二六心尚孩，蹦跳雀跃走复来。
荒坡夏秋草莓熟，一日往返数十回。

——《摘野草莓》（宋）徐熥

一、物种本源

拉丁文名称，种属名

五叶草莓，为蔷薇科草莓属多年生草本植物五叶草莓（*Fragaria pentaphylla* Losinsk.）的果实，又名泡儿、栽秧泡等。

形态特征

五叶草莓，高6～15厘米。羽状5小叶，质地较厚，小叶片倒卵形或椭圆形，长1～4厘米，宽0.6～3厘米，顶端圆形；叶柄长2～8厘米，密被开展柔毛；侧生小叶基部偏斜，边缘具缺刻状锯齿，锯齿急尖或钝。花序聚伞状，有花2～3朵，基部苞片淡褐色或呈有柄的小叶状，花梗长1.5～2厘米；萼5片，卵圆披针形，外面被短柔毛，比副萼片宽，副萼片披针形，与萼片近等长，顶端偶有2裂；花瓣白色，近圆形，基部具短爪；雄蕊20枚，不等长；雌蕊多数。聚合果卵球形，红色，萼片在果实成熟时极易反折，且副萼片在果实成熟时显著伸长，易与本属其他种区别；瘦果卵形，仅基部具少许脉纹。

习性，生长环境

五叶草莓分布于我国陕西、甘肃、四川等地，生长于海拔1000～2300米的山坡草地，是秦巴山区野生草莓中的优势品种。五叶草莓有红色和白色两种颜色，但以白色果较多，约占总量的90%，以秦巴山区分布最多、最广。花期4—5月，果期5—6月。

二、营养及成分

五叶草莓中含有多种化学活性物质，尤其是黄酮类化合物含量极高。五叶草莓酸味稍重，但香味极浓，品质优良。果汁抗氧化性良好，适于酿酒。另外，五叶草莓富含人体所需要的多种营养元素，如钙、钾等。

三、食材功能

性味 味甘、酸，性凉。

归经 归肺、脾经。

功能

（1）明目养肝。五叶草莓富含铁、钙，可改善贫血缺钙患者对铁、钙的吸收；所含的胡萝卜素是合成维生素A的重要物质，有明目养肝的作用。

（2）美容。五叶草莓是一种美容功效特别出色的野果，它不但能让人体补充丰富的黄酮类化合物，而且能让人体吸收多种维生素。这些物质可以促进皮肤表面毛细血管中的血液循环，并能增强毛细血管的通透性，能让人们保持面色红润。五叶草莓中还含有大量的水杨酸，这种物质可以去除皮肤老化的角质，并能淡化色斑，缩小毛孔，美白肌肤。

（3）治疗肺虚咳嗽。五叶草莓不但能清热解毒，消炎杀菌，而且能补益肺气，服用之后能减轻肺虚咳嗽的症状，在服用的时候可以用清水将其煮成汤，然后加入适量蜂蜜，调味后服用。

四、烹饪与加工

五叶草莓果酱

（1）材料：五叶草莓、细砂糖、柠檬汁。

（2）做法：将五叶草莓洗净，表面擦干，切开，加入细砂糖，用筷子拌匀，使糖附着在草莓上。盖上保鲜膜，放入冰箱冷藏3个小时以上。冷藏过后，将草莓连同渗出的水分一起放入锅里，大火不断翻炒（可用珐琅锅或不锈钢锅，不要用铁锅）。待草莓变软，用中火慢慢熬。当熬至浓稠状态时，关火，加入柠檬汁，搅拌均匀即可。将果酱装入干净的容器里，密封放入冰箱保存。

五叶草莓果酱

五、食用注意

（1）过敏体质慎食五叶草莓。

（2）尿路结石患者勿食五叶草莓。

传说故事

五叶草莓由来的传说

相传，一日道济和尚忽然听到天上鼓乐齐鸣，悦耳动人，他想："玉皇老儿今天为何如此快活，也让我去看个究竟。"于是他念动驾云真言咒，信步来到天上，循着仙乐到了御寿宫。

原来玉皇大帝在为王母娘娘庆贺九万九千岁生日，各路神仙均来朝贺，热闹非凡。俗话说"狗咬穿破衣"，二郎神的哮天犬看到道济和尚衣冠不整，疯疯癫癫的样子，便对着道济和尚后背窜上去就是一口，咬住道济和尚的佛珠，道济和尚猛回头，佛珠串线被拉断，佛珠纷纷落入凡间，道济和尚忙按下云头，八方寻找，但始终没有找齐108颗佛珠。一气之下，道济和尚将佛珠与串线往地上一扔，这一扔不打紧，佛珠串线变成藤，佛珠长成一颗颗五叶草莓。我们今天看到的草莓生长的样子，就像当年道济和尚将佛珠连串线扔在地上时一样。

豆梨

马穿山径菊初黄，信马悠悠野兴长。
万壑有声含晚籁，数峰无语立斜阳。
棠梨叶落胭脂色，荞麦花开白雪香。
何事吟余忽惆怅，村桥原树似吾乡。

——《村行》（北宋）王禹偁

一、物种本源

拉丁文名称，种属名

豆梨，为蔷薇科梨属植物豆梨树（*Pyrus calleryana* Dcne.）的果实，又名鹿梨、赤梨、糖梨等。

形态特征

豆梨树，乔木，高5~8米，树冠较大，冠幅4~9米，树形一般呈倒卵形。小枝幼时有绒毛，后期脱落。叶宽卵形至卵形，稀长椭圆形，长4~8厘米，叶柄长2~4厘米。花瓣白色，卵形，长约1.3厘米，基部具短爪。梨果球形，萼片脱落，2（3）室，直径约1厘米，黑褐色有斑点，有细长果梗。豆梨的果实较小，形似小豆子，故名“豆梨”。

习性，生长环境

豆梨树常野生于温暖潮湿的沼地、山坡、杂木林中。喜光，不耐寒，稍耐阴，耐干旱。对土壤要求不严，在瘠薄土壤和碱性土壤中也能生长。深根性，具有抗病虫害能力。花期4月，果期8—9月。我国山东、河南、江苏、浙江、江西、安徽、湖北、湖南、福建、广东、广西、云南等地区均有分布，可用作嫁接西洋梨等果树的砧木。

二、营养及成分

豆梨果实中含糖量19.6%、水分51%。叶片中含有绿原酸及衍生物异绿原酸、新绿原酸和槲皮素等，其果肉中还含有一定量的蛋白质、脂肪、胡萝卜素、B族维生素、苹果酸等。

三、食材功能

性味 味酸、甘，性寒。

归经 归肺经。

功能

（1）豆梨具有疏肝和胃、缓急止泻等功效。

（2）豆梨内含有丰富的B族维生素，这些成分具有促进血液循环、保护心脏、减轻疲劳、增强心肌能力、降低血压的作用。

（3）豆梨中含有鞣酸等成分，具有止咳祛痰、利咽利喉的作用。

（4）豆梨性凉且清热镇静，常食可降低血压、改善头晕目眩等症状。

（5）豆梨中的果胶含量很高，有助于消化。

四、烹饪与加工

豆梨果酱

（1）材料：豆梨、白砂糖。

（2）做法：将豆梨去蒂、洗净，用捣碎机或水果刀将其压碎成泥。

豆梨果酱

将豆梨泥倒入锅中，加水用旺火煮沸3~5分钟，然后放入白砂糖，改用文火煮8~10分钟呈稠糊状即可关火。冷凉，保存，备用。

豆梨果干

豆梨果实成熟后，洗净晒干，与水煎服，或去皮晒干后嚼服。

豆梨果干

五、食用注意

豆梨是寒性水果，建议一次不要吃太多。

延伸阅读

文学作品中的豆梨

豆梨又称为甘棠，两千多年来中国文学作品中常常出现它的身影，这又是为何？这得从《诗经》中的一首诗说起。

诗中写道：

“蔽芾甘棠，勿剪勿伐，召伯所茇。
蔽芾甘棠，勿剪勿败，召伯所憩。
蔽芾甘棠，勿剪勿拜，召伯所说。”

这首诗里提到的召伯就是召公。召公和周公都是周文王的儿子，周武王的弟弟。周武王灭商纣三年后去世，他的儿子周成王继位，当时才十二岁，于是就由召公和周公共同辅佐成王。成王继位不久，弟弟管叔、蔡叔与纣王儿子武庚在殷商故地发动叛乱。周公用了三年时间平定了叛乱，为稳固东方，他就在东边建立一个新的都城，叫作洛邑（现在的洛阳）。这样周王朝就有两个都城，西部是镐京（今陕西省西安市长安区），又叫宗周。东部是洛邑，又叫成周。从此以后，周公、召公分陕而治，陕县（现属河南省三门峡市）以西由召公治理，东则归周公。

召公有着广施仁政的博爱之心，他治陕期间时常下乡体恤民情。一次在乡间处理民事，当地官吏就让百姓腾出房子让他休息，并准备丰盛宴席款待他。他立即阻止，说道：“不劳一身而劳百姓，非吾先君文王之志。”他就在甘棠树下露宿，并食自己携带的干粮，做到了不扰民，不惊民。

召公经常在甘棠树下受理民事，听百姓诉讼，判决刑狱。召公治理陕地使当地经济繁荣，百姓安居乐业。于是召公死后，人们铭记他的政绩，怀念甘棠树，就写下关于甘棠的诗篇，也就是开篇提到的那首，广为唱颂。它的意思是：“美丽的甘棠树，不要剪它枝叶，不要砍伐它，因为召公照顾过它，让它青翠茂盛。挺拔的甘棠树，不要伤害它，召公在这里休息过。可爱的甘棠树，不要攀折它，召公在这里听问政事。”

自此以后，人们常常就用“甘棠”称颂贤吏，以赞扬他们的德政和对民情的体恤。

枳椇

外种枳椇树，内酿酒酸苦。
二者若包容，走遍世间源。

——《枳椇与酒》
（清）王若冰

一、物种本源

拉丁文名称，种属名

枳椇，为鼠李科枳椇属植物枳椇（*Hovenia acerba* Lindl.）的果实，又名拐枣、金果梨等。

枳椇子

形态特征

枳椇，乔木，高10~25米，小枝褐色或黑紫色。叶互生，宽卵形、椭圆形或心形，长8~17厘米，宽6~12厘米。花两性，花瓣椭圆状匙形。浆果状核果近球形，直径5~6.5毫米。其种子枳椇子为扁平圆形，背面稍隆起，正面比较平坦，直径3.2~4.5毫米。表面为暗褐色或黑紫色，有光泽。

习性，生长环境

枳椇生长于海拔2100米以下的开旷地、山坡林缘或疏林中，庭院宅旁常有栽培。枳椇适应环境的能力较强，抗旱，耐寒，又耐较瘠薄的土壤，分布于甘肃、陕西、河南、安徽、四川、云南、贵州等地。花期5—7月，果期8—10月。

二、营养及成分

枳椇中含有丰富的糖；枳椇子中含有丰富的碳水化合物

（12.1%）、粗蛋白（14%）、粗脂肪（9.5%）和粗纤维（53.9%），每100克枳椇子中氨基酸的总含量为12.6克，其中必需氨基酸含量占氨基酸总量的35%。枳椇子中的脂肪酸主要由不饱和脂肪酸组成（89.7%），以亚麻酸含量最高（40.3%）。枳椇子中黄酮类物质的含量为27.6毫克/克。

三、食材功能

性味 味甘，性平。

归经 归心、脾经。

功能 枳椇能治风湿；枳椇子养阴，生津，润燥，止渴，凉血。其功效主要为清热利尿、止渴除烦、解酒毒，用于热病烦渴、呃逆、小便不利等。

（1）降尿酸功效。枳椇子醇提物经大孔树脂分离得到30%乙醇洗脱物，其中含有的3种化合物，即3，5，3′，4′，5′–五羟基二氢黄酮醇（Ⅰ）、杨梅素（Ⅱ）、二氢杨梅素（Ⅲ）均能够抑制黄嘌呤氧化酶。

（2）治疗酒精性肝损伤。枳椇子主治醉酒、呕吐、二便不利。实验结果表明，枳椇子预防组与枳椇子治疗组大鼠机体中层黏蛋白、透明质酸、Ⅲ型前胶原及Ⅳ型胶原水平有不同程度的下降，且枳椇子治疗组下降值更高，趋近于对照组。显微镜下切片观察发现，枳椇子的预防组与治疗组的大鼠肝小叶形态比较完整，少部分肝细胞发生脂肪性变性。实验结果表明枳椇子具有保肝护肝之功效。

四、烹饪与加工

枳椇可生食、酿酒、熬糖，民间常以其制作“拐枣酒”；枳椇子可用来煲汤、酿酒等。

枳椇子猪肺汤

（1）材料：鲜枳椇子、猪心、猪肺、红蔗糖、食盐、味精。

（2）做法：先将鲜枳椇子洗净，猪心、猪肺洗净并切成小块；然后将枳椇子、猪心、猪肺、红蔗糖共同放入瓦罐中，加清水1000毫升，文火慢炖60分钟；最后加入少许食盐、味精，即可食用。本菜肴具有解渴除烦之功效，可作为酒痨吐血患者的饮食治疗。

枳椇子鸡肝

（1）材料：干枳椇子、鸡肝、食盐。

（2）做法：先将干枳椇子杵成细末备用；然后将鸡肝洗净，用刀切十字刀花，盛于盘中，撒上枳椇子粉末和适量食盐；最后入笼中蒸20分钟，取出食用。本菜肴具有健脾消疳的效果，可用来治疗小儿疳积。

枳椇子酒

（1）材料：干枳椇子、低度烧酒。

（2）做法：先将干枳椇子洗净，用刀切开，浸入烧酒中，密封，1周后启封饮用，每日2次，每次20毫升。本酒具有祛风除湿的功效，适合风湿性关节炎患者饮用。

五、食用注意

（1）孕妇以及哺乳期妇女禁止食用枳椇。

（2）感冒期间不推荐食用枳椇。

（3）婴幼儿不建议食用枳椇。

（4）服用时一定要注意用量，不可过度食用枳椇。

传说故事

枳椇子解酒毒

《苏东坡集》记载了一则故事：苏东坡的同乡揭颖臣得了一种病，饮食倍增，小便频数，许多医生说是“消渴病”，但服消渴药多年不愈，病情越来越严重。苏东坡介绍一个名为张肱的医生给他治疗，他认为此人患的不是消渴病而是慢性酒精中毒，遂让其服用解酒药枳椇子而愈。问其故，张肱答道：“酒性本热，因此喜欢饮水，饮水多，故小便亦多，症状像消渴却不是消渴，枳椇子能治酒毒。俗云：屋外有此树，屋内酿酒多不佳。故用枳椇子以去其酒之毒”。

滇刺枣

枣下何攒攒！荣华各有时。
枣欲初赤时，人从四边来。
枣适今日赐，谁当仰视之？

——《咄唶歌》·《乐府诗集》卷七十四

一、物种本源

拉丁文名称，种属名

滇刺枣，为鼠李科枣属植物毛叶枣（*Ziziphus mauritiana* Lam.）的果实，又名酸枣、缅枣等。

形态特征

毛叶枣，常绿乔木或灌木，高达15米。叶卵形、长圆状椭圆形，稀近圆形，长2.5～6厘米；叶柄长0.5～1.3厘米，被灰黄色密绒毛。花绿黄色，两性，花梗长2～4毫米，被灰黄色绒毛；花瓣短圆状匙形，雄蕊与花瓣近等长。核果矩圆形或球形，长1～1.2厘米，径约1厘米，橙色或红色，熟时黑色；果梗长5～8毫米，被柔毛；中果皮木栓质，内果皮硬革质。种子宽而扁，长6～7毫米，宽5～6毫米，红褐色，有光泽。

习性，生长环境

毛叶枣属于阳性树种，喜光、喜暖热气候，适宜生长于年均温度15℃以上的环境。既可耐高温，又可耐轻微霜冻。对土壤的适应范围较广，pH值5.5～7.5的酸性至微碱性土壤都能适应，适宜生长于燥红土、紫色土、红壤、砖红壤性红壤等。花期在8—11月份，果期在9—12月份。一般生长在海拔1800米以下的山坡、丘陵、河边湿润林中或灌木丛中，我国主要分布于云南、四川、广西、广东、海南、福建和台湾地区。

二、营养及成分

滇刺枣中含胡萝卜素、维生素B_1、维生素B_2、维生素B_3、维生素C等。每100克滇刺枣所含部分营养成分见下表所列。

碳水化合物	17.0克
膳食纤维	1.1克
蛋白质	0.8克
脂肪	0.3克
无机盐	0.3克

滇刺枣具有很高的营养价值。据测定，滇刺枣出肉率为90%左右，内含蛋白质0.8%、脂肪0.3%、糖17%、维生素C 7.6%、无机盐0.3%。

三、食材功能

性味 味甘，性微凉。

归经 归脾、胃、肾经。

功能

（1）提高人体免疫力。滇刺枣中含有果糖、葡萄糖及由果糖和葡萄糖构成的寡糖、沙特阿拉伯聚糖及半乳醛聚糖等，并含有维生素C、维生素B_1、维生素B_2、维生素B_3等多种维生素，具备极强的滋补作用，有促免疫、抗氧化等作用，有助于降低血清谷丙转氨酶，对胃痛、关节疼痛病有辅助食疗作用。

（2）抗过敏。滇刺枣酒精提取液对特异性反应病症，能抑制抗体的产生，对小白鼠反应性抗原也是抑制作用，表明滇刺枣具备抗过敏作用。

（3）镇定安神。滇刺枣有镇定、催眠和降血压作用，其中被分离出来的柚配质C糖苷类有神经中枢抑制作用，即减少自发性健身运动及刺激性反射面作用、强直性木僵作用，故具备安神、镇定之功效。

四、烹饪与加工

滇刺枣可以洗净后直接食用，可以泡茶，也可以与其他水果一起做果汁、水果沙拉、蛋糕和月饼馅配料等，还可制成干果、果脯等。

滇刺枣糕

五、食用注意

（1）滇刺枣不可多食，多食易致腹泻。

（2）服用退热净、布洛芬时勿食滇刺枣。

传说故事

“养性枣树”的传说

董养性（1616—1672），乐陵东董家村人，家贫、聪颖，读遍天下书，有“江北第一才子”之称，做官清廉。后辞官，百姓送他一副对联“董县令挂冠回家种枣树，奇才子养性晒书晾肚脐”。一日，董养性在树下睡着，忽从天上落下一群红胖子（小枣），将其砸醒，他拿起枣，掰开，满腹金丝相连，一吃，肉甘甜，有清肺、提神、养性之感。他即兴赋诗：“小枣老来红又甜，满腹金丝谱琴弦。弹就阳春白雪曲，云红天外任舒展。”他将此树命名为“养性树”，又名“老米红”。

沙棘

三北沙棘四五种，余甘邻家五周同。
杏林遍及蒙维藏，安度夕阳忆乾隆。

——《咏沙棘》（近代）华安

一、物种本源

拉丁文名称，种属名

沙棘，为胡颓子科沙棘属植物沙棘（*Hippophae rhamnoides* L.）的成熟果实，又名酸柳、酸刺、黑刺、酸刺柳等。

形态特征

沙棘，落叶灌木或乔木，高1~5米，高山沟谷可达18米，棘刺较多，粗壮，顶生或侧生；嫩枝褐绿色，密被银白色而带褐色鳞片或有时具白色星状柔毛，老枝灰黑色，粗糙；芽大，金黄色或锈色。单叶通常近对生，与枝条着生相似，纸质，狭披针形或矩圆状披针形，长30~80毫米，宽4~10毫米，两端钝形或基部近圆形，基部最宽，上面绿色，初被白色盾形毛或星状柔毛，下面银白色或淡白色，被鳞片，无星状毛；叶柄极短，几无或长1~1.5毫米。果实圆球形，直径4~6毫米，橙黄色或橘红色；果梗长1~2.5毫米。种子小，阔椭圆形至卵形，有时稍扁，长3~4.2毫米，黑色或紫黑色，具有光泽。

习性，生长环境

沙棘树是阳性树种，喜光照，在疏林下可以生长，但对郁闭度大的林区不能适应。沙棘树对土壤的要求不是很严格，在栗钙土、灰钙土、棕钙土、草甸土、黑护土上都有分布，在砾石土、轻度盐碱土、沙土、甚至在砒砂岩和半石半土地区也可以生长，但不喜过于黏重的土壤。沙棘树对温度的要求不是很严格，在极端最低温度-50℃、极端最高温度50℃情况下也能生长。花期在4—5月份，果期在9—10月份。

二、营养及成分

据测定，沙棘中含有多种维生素、脂肪酸、微量元素、亚油素、沙棘黄酮、超氧化物等活性物质和人体所需的多种氨基酸。其中维生素C含量极高，每100克果汁中，维生素C含量为825～1100毫克，是猕猴桃的2～3倍。含糖7.5%～10%，含酸3%～5%。沙棘叶片含粗蛋白15.8%、粗脂肪9.5%、粗纤维14%、无氮浸出物54.8%，用沙棘树叶可制作保健茶。此外，沙棘中也含有黄酮类化合物、三萜、有机酸类、多糖、色素、色胺、挥发油、蛋白质等营养物质。沙棘籽中含有十分丰富的维生素、脂类、糖类、氨基酸、挥发油、原花青素、黄酮类化合物、微量元素等营养成分。

三、食材功能

性味 味酸、涩，性温。

归经 归肝、脾、胃、大、小肠经。

功能

（1）沙棘果中含有多种维生素、有机酸、黄酮类及萜类化合物，有降血脂、抗血凝、护肝、治溃疡、脱敏、抗炎、抗氧化、抗疲劳等作用，适用于高热伤阴、口渴咽干等症，对阴道炎、冠心病、心绞痛、缺血性心脏病等疾病有辅助康复的作用。

（2）沙棘果中含有不饱和脂肪酸、氨基酸、黄酮类、维生素、微量元素等，能够降低人体内胆固醇，合理预防动脉粥样硬化，有增加心肌营养性血流量、改善心肌微循环、降低心肌氧耗等作用，能显著降低高脂血症、血清三酰甘油及胆固醇，并能显著抑制血栓的形成。

（3）沙棘果中含有的超氧化物歧化酶，可以有效发挥体内自由基作用，对人体的免疫活性细胞进行调节，有助于提高人体免疫力，延缓人体衰老。

沙棘汁

（1）材料：沙棘。

（2）做法：将新鲜沙棘洗净，捣烂如泥，并用干净的消毒纱布绞取果汁。

沙棘汁

沙棘末木瓜

（1）材料：沙棘干、白葡萄、甘草、木瓜。

（2）做法：将沙棘干、白葡萄、甘草各10克研成粉末，木瓜取果肉，再将粉末撒在木瓜果肉上，即可食用。

沙棘果油

（1）材料：沙棘果。

（2）做法：选择优质的沙棘果，榨汁之后采用离心分离以及压滤等制作工艺获得棕红色透明油状液体，也就是所谓的沙棘果油。

沙棘果油

五、食用注意

出血性疾病患者、泌尿系统结石患者、消化道溃疡患者以及服用维生素K时不宜食用沙棘果或沙棘果制成的饮料。

传说故事

沙棘与蜀军

相传，三国时期，在蜀国的一次东征中，大军来到金沙江和澜沧江畔地带，由于山路险峻、人疲马乏，后继粮草又接济不上，很快就陷入了饥饿的危境中。这时，有人在荒山野岭中发现了一种被称为“刺果”的植物，鲜艳的果实挂满枝头，可是没人敢吃。

直到几天以后，士兵们发现一些战马吃了这些野果后迅速恢复了体力，才纷纷采食，由此渡过了难关。这种植物就是广泛分布在四川、云南山岭中的亚乔木植物——沙棘树。

胡颓子果

沿江佳果半含春，三月挂枝多喜人。
常食三五胡颓子，何愁内室言腹疼。

——《胡颓子》（近代）肖刚

一、物种本源

拉丁文名称，种属名

胡颓子果，为胡颓子科胡颓子属植物胡颓子（*Elaeagnus pungens* Thunb.）的成熟果实，又名蒲颓子、卢都子、雀儿酥、甜棒子、三月枣、羊奶子等。

形态特征

胡颓子，常绿直立灌木，高3～4米，具刺，刺顶生或腋生，长20～40毫米，深褐色；幼枝微扁棱形，老枝鳞片脱落，黑色，具光泽。叶革质，为椭圆形或阔椭圆形，稀矩圆形，长5～10厘米，宽1.8～5厘米，两端钝形或基部圆形，成熟后脱落，具光泽，干燥后褐绿色或褐色，叶柄深褐色；长5～8毫米。花白色或淡白色，下垂，密被鳞片，生于叶腋锈色短小枝上；花梗长3～5毫米。果实椭圆形，长12～14毫米，果核内面具有白色丝状棉毛；果梗长4～6毫米。

胡颓子果

习性，生长环境

胡颓子生长于海拔1000米以下的向阳山坡或路旁，产于我国江苏、浙江、福建、安徽、江西、湖北、湖南、贵州等地。花期在9—12月份，果期在次年4—6月份。抗寒能力比较强，在华北南部可露地越冬，能忍耐−8℃左右的低温；耐阴一般，喜高温、湿润的气候，生长适宜的温度为24～34℃；对土壤的要求不高，在中性、酸性和石灰质土壤中均能生长；耐干旱和瘠薄，不耐水涝。

二、营养及成分

每100克胡颓子果所含部分营养成分见下表所列。

总糖	5.1克
脂肪	2.8克
粗蛋白	2.45克
磷	57.2毫克
钙	20.6毫克
维生素C	12~30毫克
胡萝卜素	3.2毫克
维生素B_1	0.4~0.7毫克

三、食材功能

性味 味甘、酸、微涩，性平。

归经 归肺、胃、大肠经。

功能 胡颓子果中含糖类、脂肪、鞣质、有机酸及维生素B、C

等，对慢性支气管炎、肠炎细菌有一定的抑制作用。药理活性主要有降血糖、降血脂、抗脂质氧化、抗炎、镇痛、免疫等。

胡颓子果酱

四、烹饪与加工

胡颓子果酒

（1）材料：胡颓子果、柠檬、烧酒。

（2）做法：

① 胡颓子果实的果肉柔软，用水轻轻地清洗即可，然后用干净的毛巾擦干表面水分。

② 在准备好的容器中放入1千克的胡颓子果实，1/2个柠檬，酒精浓度为35%的烧酒1.8升之后，进行密封，放在避光阴凉处保存。

③ 经过2个月左右，有效成分被浸出，用筛子过滤材料，就可以得到澄清的酒液。如果酒中含有悬浮物，可以在冰箱中放置一天左右，等残渣沉淀之后，把容器上部澄清的酒液小心地倒入其他酒瓶中。

④ 再次进行密封保存，进一步熟化，以便酒的味道和香气更加完美地融合。

提取色素

胡颓子果中富含色素，由红、黄两种色素组成，其中以红色为主。易溶于水和甲醇溶液，难溶于有机溶液。选择成熟的果实，洗净破碎去核，在25℃条件下，用等量的甲醇溶液浸提24小时，过滤得清亮的红棕色色素的提取液。

胡颓子果味甜，可生食，也可熬糖。茎皮纤维可造纸和纤维板。

胡颓子果中的维生素C含量明显高于栽培水果，含量丰富的有机酸保护了果汁内的维生素C不被氧化，为制作高维生素饮料提供了优越的条件。

五、食用注意

胡颓子果不宜多食，以免引起脾胃失和、腹部不舒服。

成吉思汗与胡颓子

元太祖成吉思汗在对外征战过程中，为了提高大军的战斗力和远征实力，无奈将一批因为水土不服而腹泻的战马弃于胡颓子树林中。待他们凯旋，再经过丢弃战马的那片胡颓子树林时，发现那些被遗弃的病马，不但没有死，反而都恢复了往日的神威。将士们没想到小小的胡颓子竟有如此神奇的作用，便立即向成吉思汗禀报此事，成吉思汗得知后，下令全军将士立即采摘大量的胡颓子果并随身携带。果然，经常食胡颓子果的人和马，比以前更加体力充沛，精神抖擞，与敌作战有如神助。

越橘

越橘如金丸，烂然已盈箧。
谁传岭外信，尚带霜前叶。
莫嫌道路远，得与樽俎接。
主人无吝心，怀归予敢辄。

——《宋次道得广南金橘为饷且有诗因和酬》
（北宋）梅尧臣

一、物种本源

拉丁文名称，种属名

越橘，为杜鹃花科越橘属植物越橘（*Vaccinium vitis-idaea* L.）的果实，又名温普、红豆、牙疙瘩等。

形态特征

越橘，常绿矮小灌木，地下部分有细长匍匐的根状茎，地上部分植株高10～30厘米。茎纤细，直立或下部平卧。叶片呈椭圆形或倒卵形，长0.7～2厘米，宽0.4～0.8厘米，顶端圆，有凸尖或微凹缺，边缘反卷，有浅波状小钝齿；叶柄短，长约1毫米。花序短总状，生于去年生枝顶，长1～1.5厘米，稍下垂，有2～8朵花；花梗长1毫米，被微毛；花冠白色或淡红色，钟状，长约5毫米，4裂，裂至上部三分之一，裂片三角状卵形，直立。果实呈浆果球形，直径5～10毫米，紫红色。

习性，生长环境

我国越橘资源丰富，主要分布于东北及西南地区，多为野生，常见于落叶松林下、白桦林下、高山草原或水湿台地，生长海拔为900～3200米，成片生长。花期在6—7月份，果期在8—9月份。

二、营养及成分

越橘营养丰富。果实中除含有糖、酸和维生素C外，还含有维生素A、维生素B、维生素E、超氧化物歧化酶、花青苷、熊果苷、蛋白质、脂肪以及丰富的钙、铁、锰、磷、锌、钾等元素。每100克越橘所含部分营养成分见下表所列。

糖	6.9克
膳食纤维	1.8克
蛋白质	0.6克

三、食材功能

性味 味甘、酸、微涩，性温。

归经 归脾、胃、大肠经。

功能

（1）保健功能。研究人员发现，越橘果实中富含多种营养物质，包括多酚、黄酮、花色苷、原花青素、有机酸等，有显著的抗氧化性和抗细胞增殖活性，可以消除人体代谢产物自由基，即越橘具有保健功能。

（2）改善记忆力和视力。越橘中特有的食用花青素、花红素能改善记忆，还具有较强的神经保护作用和改善视力的功效。

（3）减少心血管疾病的发生。食用越橘可强化脑血管、预防脑血管的病变、强化心肌血管、强壮冠状动脉、减少人体胆固醇含量，改善心血管功能，调节血糖，防止动脉硬化等。

（4）抗菌消炎作用。越橘所含的物质具有抗氧化、抗衰老和抗溃疡作用，其叶的浸剂可作利尿剂，也具有抗菌作用。

越橘果汁

四、烹饪与加工

越橘红茶

正常冲泡红茶，而后在茶水中加入越橘果汁，果汁与茶水的比例建议为1∶2，也可根据自己的喜好适量加减。

越橘果酱

用越橘、糖和少量的水进行熬制即可，也可加入少量苹果肉和果胶，增加酸甜度。

越橘果酱

五、食用注意

阴虚火旺者慎食越橘。

传说故事

插簪成越橘验冤的传说

相传，长白山下，有一孝妇，被人诬陷杀姑，妇不能自明，嘱行刑者取其髻上的长簪子插于石缝，说：“若生越橘，则可验吾冤。”行刑者从其言，后果生越橘。此后，每有人插橘枝于石隙，秀茂成荫，岁有华实。

乌饭树果

寒食乌饭遍地花，杨柳轻拂催种瓜。
遥想当年介子推，烈大难熔品质嘉。

——《寒食节乌饭》（清）桑成

一、物种本源

拉丁文名称，种属名

乌饭树果，为杜鹃花科越橘属植物南烛（*Vaccinium bracteatum* Thunb.）的果实，又名乌饭树、米饭树、乌饭子等。

形态特征

南烛，常绿灌木或小乔木，高2～6米。叶片分为椭圆形、菱状椭圆形、披针状椭圆形至披针形，长4～9厘米，宽2～4厘米，顶端锐尖、渐尖，边缘有细锯齿，表面平坦有光泽。叶柄长2～8毫米，通常无毛或被微毛。总状花序顶生或腋生，长4～10厘米，有多数花；苞片叶状，披针形，边缘有锯齿；花冠白色，筒状，长5～7毫米。浆果直径5～8毫米，熟时紫黑色。

习性，生长环境

南烛生于丘陵地带或海拔400～1400米的山地，常见于山坡林内或灌木丛中。树枝多刺，木质坚硬，喜光、耐旱、耐寒、耐瘠薄，我国大部分地区均可种植，以江苏、浙江、福建居多。花期在6—7月份，果期在8—10月份。

二、营养及成分

每100克乌饭树果所含部分营养成分见下表所列。

碳水化合物	12.7克
膳食纤维	3.74克
脂肪	0.8克
蛋白质	0.7克
灰分	0.4克

三、食材功能

性味 味甘、微酸，性温。

归经 归肺、肾经。

功能

（1）抗氧化。乌饭树果中含有丰富的抗氧化剂——花色苷，因此具有抗氧化作用。

（2）保护血管。乌饭树果汁中含有天然黑色素，有松弛血管、改善血液循环的作用，可以预防动脉硬化、糖尿病等，药用价值较高。

四、烹饪与加工

乌饭树软糖

选取果胶含量1.1%、糖酸比90：1的乌饭树果；其软糖的最佳制备条件为pH 4.5，凝胶温度63℃，干燥温度55℃，干燥时间18h。在此条件下制作的乌饭树软糖外观鲜艳且有光泽，十分美味。

乌饭树软糖

乌饭树果酱

选取适量的乌饭树果与无花果，经过制浆、混合、浓缩，并在1千克的果肉中使用4克的褐藻胶或黄原胶进行增稠处理，能达到较好的增稠效果，口感较好。

乌饭树果酱

五、食用注意

脾胃虚弱、湿热者慎食乌饭树果。

延伸阅读

乌饭树果汁解马钱子毒的传说

五代南唐后主李煜，于975年被俘降宋。相传，在囚禁中，他常思念宫廷，回忆往事。当年的中秋之夜，他仰望空中明月，触景生情，勾起了他满腹的丧权之耻和亡国之恨，提笔写下了：“春花秋月何时了，往事知多少？小楼昨夜又东风，故国不堪回首月明中！雕栏玉砌应犹在，只是朱颜改。问君能有几多愁，恰似一江春水向东流。”宋太宗赵光义知道这首词后大为恼火，认为他想要复辟，于是赐他马钱子自毙。

李后主服了马钱子后，气息奄奄，宋太宗命人迅速埋葬。是夜，被在外的南唐心腹御医和太监掘坟，灌以乌饭树果汁将李煜救醒，李煜从此隐姓埋名于中条山中，当然这只是一个民间传说。

野香蕉

三叶木通八月瓜，历代皇贡难缺它。
宁可食瓜不吃肉，老少爷们给个价。

——《野香蕉》流传于湖南、湖北、河南、四川等长野香蕉地域的童谣

一、物种本源

拉丁文名称，种属名

野香蕉，为木通科木通属植物三叶木通［*Akebia trifoliata*（Thunb.）koidz.］的果实，又名八月瓜、八月炸等。

形态特征

茎皮灰褐色，叶柄直，小叶3片纸质或薄革质，卵形至阔卵形，长4~7.5厘米，宽2~6厘米。总状花序自短枝上簇生叶中抽出，总花梗纤细。果长圆形，长6~8厘米，直或稍弯。种子极多数，扁卵形；种皮红褐色或黑褐色，稍有光泽。花期在4—5月份，果期在7—8月份。

习性，生长环境

三叶木通生于海拔250~2000米的山地沟谷边疏林或丘陵灌丛中，分布于河南、河北、山东、山西等地。

野香蕉果肉

二、营养及成分

野香蕉中富含糖类，如可溶性果糖、淀粉等；也含有多种氨基酸，如缬基酸、蛋氨酸、异亮氨酸、苯丙氨酸、赖氨酸等。野香蕉果味香甜，营养丰富，果肉中含有人体所需的微量元素和多种维生素。据研究表明，其果肉中维生素C的含量约是西瓜的5倍、梨的9倍、苹果的20倍。每100克野香蕉所含部分营养成分见下表所列。

碳水化合物	23.7克
蛋白质	1.2克
脂肪	0.3克

三、食材功能

性味 味甘，性寒。

归经 归膀胱、心、肝经。

功能

（1）具有行气止痛、活血清热等功效，也具有疏肝益肾、利尿、解毒、健脾胃的作用，对多种疾病具有一定的临床药效。

（2）具有抗衰老、祛斑和祛色素的功能。

四、烹饪与加工

野香蕉果酱

野香蕉成熟后，果肉非常甜，而且水分很多，但是果肉里还有很多种子，虽然可食用的部分比较少，但野香蕉果肉和籽粒泡酒或制作果酱都具有很高的药用价值。

野香蕉果酱

五、食用注意

野香蕉不可多食，以免肠胃不适。

传说故事

野香蕉的传说故事

宋朝嘉祐年间，大名府有一个年迈的樵夫名叫宋万，此人家境贫寒，妻子早亡，无儿无女，独自生活。一次，他由于吃了山中野香蕉，竟一夜之间变成了一位美少男，最后却遭到了皇上凌迟处死，这是什么缘故？

一天，宋万到山中打柴，在半山腰上看到了一棵高大粗壮的香蕉树，树上挂满了硕大的香蕉，在阳光的照耀下，香蕉发出了金灿灿的亮光，在微风的吹拂下，香蕉飘香四溢，沁人心脾。宋万见到眼前情景，不由得流出了口水，他用钩子摘下一串，拨开吃了起来，一串香蕉下肚，宋万感到肚子微微发胀。到了当天晚上，宋万在床上翻来覆去睡不着觉，他浑身感到不舒服，折腾一夜，也没睡着觉，直到天微微发亮时，他才感到身体好受了些。

在洗漱之时，宋万通过镜子发现自己变成了一个美少男，昨天还是一副老态龙钟的样子，今天却变得帅气十足了。

宋万出门迷倒了村里的少女们，一个个都争着要嫁给他，最后这消息被里长得知了，里长知道当下皇帝正在招女婿，其中一个重要条件就是长相出众，里长一想到升官发财，心里立马就小鹿乱撞起来，备下两匹快马带着宋万就来到了京城。

经过用重金疏通关节，里长带着宋万见到了皇上。皇上见宋万长得面如冠玉，唇若涂脂，龙颜大悦，立即选宋万为驸马，念及里长选婿有功，特赐为县令。里长欣喜万分，屁颠屁颠地快马加鞭回去了，宋万则留在公主府当起了驸马。

宋万来到公主府，山珍海味、绫罗绸缎应有尽有，丫鬟仆女、歌伎舞女云绕海涌。宋万与公主日日歌舞，夜夜通欢，纸醉金迷，不分昼夜。

一日早朝，皇上对宋万说："爱婿，朕闻凤凰于飞，必也成群，貌美之人，其乡多美，朕的后宫妃嫔都年老色衰了，不称朕的心意，想必你的家乡应该多出美人吧，如果有的话，可愿意给朕介绍一位吗?"

宋万闻听，脸上露出了忧虑的眼神，原来他家乡的女人，个个都奇丑无比，难以下眼，怎么能入皇上的眼呢？宋万转了转眼珠，立即又眉飞色舞起来，他想到了香蕉树，如果让丑女都吃下香蕉，必然一个个美艳无比。

宋万连忙上奏皇上，称自己家乡美女如云，应有尽有，听了宋万之言，宋万龙颜大悦，立即任宋万为钦差大臣，回家乡选美。

宋万带着一帮随从来到香蕉树下，只见宋万一声令下，随从们拿大锯锯起了树干，宋万想把香蕉树伐倒，把树上的香蕉都摘下来，这样就能给皇上献很多美人。

在锯树的一瞬间，树上流出了鲜血，在树洞里传出了"好痛好痛"的声音，原来这棵树发出的，随从门听到声音，都喊着："成精了，树成精了！"

被功利熏陶的宋万哪里还顾得上树成精与否，从马车上搬出许多金银珠宝撒到树的周围，"快伐！快伐！这些钱都是你们的。"

财迷心窍的随从们抢过钱又继续伐起了树，刹那间，香蕉一个个抖落了下来，又传出了一句洋腔怪调："你们会后悔的!"

见到眼前情景，宋万连忙命令随从们装香蕉上车，然后运回家里。

第二天，宋万以选美为借口，收了九百个女人，这些女人或老或少，或疯或癫，无一例外，都奇丑无比。不过女人们吃过香蕉一个个都变得惊艳绝俗，貌若天仙，宋万看在眼里，喜在心间。

皇上看到这些美女后，龙颜大悦，纳入后宫。当夜，皇上美滋滋地进入了梦乡。

第三天，当皇上醒来看到这些女人后，直接吓昏了过去，原来女人们都恢复了原貌。

皇上苏醒后，第一件事就是找宋万，没想到宋万这时变成了一个老态龙钟的老头，皇上见此，亲自严刑审问。宋万经不起酷刑，把事实都说了出来。皇上闻听，勃然大怒，以欺君之罪将宋万凌迟处死，又把女人们都遣返回了家乡，当初送宋万进京的里长也以欺君之罪被处以了绞刑。

因利益鬼迷心窍的里长和宋万，最终也因利益丢掉了性命，故事告诉我们持正远邪的为人之道永远都不过时。

野木瓜

木通科属野木瓜，木质藤本伞形花；
雌雄同株长圆果，风湿跌打疗效佳。
——《说野木瓜》（现代）舒同

一、物种本源

拉丁文名称，种属名

野木瓜，为木通科野木瓜属植物野木瓜（*Stauntonia chinensis* DC.）的果实，又名牛芽标、七叶莲等。

形态特征

野木瓜，木质藤本，茎纤细、绿色，掌状复叶有小叶5~7片；叶柄长5~10厘米；小叶革质，长6~9厘米，宽2~4厘米；小叶柄长6~25毫米。花雌雄同株，通常3~4朵组成伞房花序式的总状花序；花梗长2~3厘米；苞片和小苞片线状披针形，长15~18毫米。果一般长圆形，长7~10厘米，直径3~5厘米；种子近似三角形，长约1厘米。

习性，生长环境

野木瓜，一般生长在海拔500~1300米的山地密林、山腰灌木丛或山谷溪边的疏林中。花期在3—4月份，果期在6—10月份，产于广东、广西、湖南、贵州、云南、安徽、浙江、江西、福建等地区。

二、营养及成分

野木瓜果肉中富含多种维生素，如维生素A、B_1、B_2、C、D、E等，其中维生素A及维生素C的含量高，是西瓜及香蕉的5倍。除此之外，木瓜中也含有少量的胡萝卜素、有机酸、蛋白质、木瓜酵素以及矿物质铁、钙、钾等。据现代有关科学测定，野木瓜中还含齐墩果酸、柠檬酸、酒石酸，并且含有多种过氧化物酶类，如过氧化氢酶、过氧化物酶、酸氧化酶、氧化酶、皂苷等，富含人体所需的超氧化物歧化酶（SOD）。

三、食材功能

性味 味微苦，性平。

归经 归肝、胃经。

功能

（1）降血脂、促代谢、抗病毒等保健作用。野木瓜中的齐墩果酸可以降低血清中的三酰甘油、胆固醇等的含量。野木瓜所含的蛋白分解酵素，可以补充胃液的不足，促进肠道和胰腺的分泌，可加快分解肠道内的蛋白质和淀粉等物质的代谢。野木瓜果肉中含有丰富的胡萝卜素和维生素C，可帮助机体修复组织，清除有毒物质，在一定程度上帮助机体抵抗病毒侵袭，且具有很强的抗氧化能力，增强人体免疫力。此外，齐墩果酸有一定的抗乙型肝炎病毒（HBV）作用。

（2）保肝、抗菌、抗炎、祛风湿、烧伤恢复等作用。野木瓜能促进肝细胞修复、减轻肝细胞坏死，还有显著降低血清丙氨酸转移酶的作用，从而达到护肝功能。野木瓜的挥发油成分能够抑制肠道菌与葡萄球菌，具有抗菌作用。野木瓜提取物、野木瓜总苷、野木瓜苷（GCS）及野木瓜籽等均有较好的抗炎镇痛效果和提高吞噬细胞的功效，并且其挥发油成分具有抗菌作用。

（3）抗衰老作用。野木瓜富含人体所需的超氧化物歧化酶（SOD），具有调节血脂、免疫调节、抗辐射、抗衰老、促美容功能，对人体具有特殊的滋养作用。

四、烹饪与加工

野木瓜既可以生食，也可以用来煎汤或者是泡酒服用。

随着现代食品新型加工技术的兴起，野木瓜相关产品有了较大的突破，主要有以下几个方面。

野木瓜果肉饮料

工艺流程：原料处理→切块→热烫→加水打浆→调配→过滤→预热→加入稳定剂→80目过滤→均质→装罐→杀菌→冷却→成品。

野木瓜酸奶

工艺流程：野木瓜→分选→清洗→去皮、切分、去籽→破碎→热烫→打浆→微磨→均质→脱气→杀菌→野木瓜浆+溶胶→调配→均质→高温瞬时杀菌→灌装→杀菌→冷却→成品。

野木瓜果脯

工艺流程：原料选择→原料处理→浸泡→熬制→再浸泡→晒干→包装。

野木瓜软糖

工艺流程：原料处理→热烫→打浆及微粉碎→均质→脱气→杀菌→浓缩→配料→混合及熬煮→凝结成型→干燥→成品。

五、食用注意

（1）野木瓜中含有大量的番木瓜碱，服用过多易导致中毒，过敏体质者慎用。

（2）孕妇不宜服用野木瓜。

爱情使者野木瓜

传说有个仙女名叫镂月，始为王母看守果园，终日不得离园。有个珍州人士名叫木生，相貌英俊、勤劳朴实、尚未娶妻。一日，镂月自天上遥看九州，目及珍州，见木生，心生爱慕之心。遂化作凡人，与木生巧遇，木生见之，亦生爱慕。二人心意相合，结为夫妇，日出而作、日落而息，羡煞旁人。

幸福时光没有维持多久，这一天忽然天色大变，王母与众天神现于凡间，怒问镂月："大胆镂月，违背天规，私自下凡，可知罪？"镂月自知有罪，只求王母开恩，许她与木生长相厮守、相伴终老，木生亦许诺，恳求王母眷怜。王母为之所动，言及木生："斯必寻得一方，解民疾苦，方可再见镂月。"语毕，王母携镂月归天庭。木生为求良方，终日茶饭不思，日渐憔悴。镂月不忍，托梦与木生，"后山山洞中将生一株无蒂果树，夫摘之与民食，切记切记"。

次日，木生果见异树，分与民食。民食之，少疾苦，王母欣，释镂月。镂月告之木生，此乃王母圣果。然，此果始为木生得于荒野，遂称"野木瓜"，遍种珍州，流传后世。

山葡萄

秋风初动菊花黄，苏轼即忙备翁缸。
上山采得山葡萄，酿酒会友论文章。

——读《唐宋八大家》
（清）朱菊仙

一、物种本源

拉丁文名称，种属名

山葡萄，为葡萄科葡萄属藤本植物山葡萄（*Vistis amurensis* Rupr.）的果实，又名木龙、烟黑等。

形态特征

山葡萄的藤长可达15米，树皮为暗褐色或红褐色。雌雄异株。果实为圆球形浆果，直径1~1.5厘米，黑紫色带蓝白色果霜。叶互生，阔卵形，长6~24厘米，宽5~21厘米，先端渐尖或急尖，基部心形，边缘有较大的圆锯齿，上面绿色，无毛或具短柔毛，下面淡绿色，叶柄长4~14厘米。圆锥花序疏散，与叶对生，花梗无毛，长2~6毫米。花药黄色，长0.4~0.6毫米。

习性，生长环境

山葡萄酸甜可口，富含浆汁，是美味的山间野果。原产于中国东北、华北地区及朝鲜、俄罗斯远东地区，目前，我国主要产自黑龙江、吉林、辽宁、河北、山西、山东、安徽、浙江等地。生长于山坡、沟谷林中或灌木丛中，海拔200~2100米。花期在5—6月份，果期在7—9月份。山葡萄是葡萄属中最抗寒的品种，枝蔓能耐-40℃低温，根系可耐-15℃低温，对白腐病、黑痘病、炭疽病等主要葡萄病害表现出一定的抗病力，是葡萄抗寒、抗病育种的宝贵资源。

二、营养及成分

山葡萄是一种营养价值很高的野生果实，与栽培葡萄相比具有色素高、糖分低的特点。山葡萄营养丰富，糖类占15%~25%，而且主要为葡萄糖。此外，含有果糖、蔗糖；含有少量蛋白质和脂肪；含有人体不可缺少的谷氨酸、精氨酸、色氨酸等10多种氨基酸；含有大量的有机酸，如酒石酸、柠檬酸、苹果酸、草酸等；含有果胶、卵磷脂和多种维生素，如维生素C、维生素E、胡萝卜素、维生素B_3、维生素B_2、维生素B_1；还含有钾、钠、钙、磷、镁、铁以及少量的锌、锰、铜、硒等。每100克山葡萄所含部分营养成分见下表所列。

蛋白质	0.2克
磷	15毫克
镁	6.6毫克
维生素C	4毫克
钙	4毫克
钾	2.2毫克
钠	2.0毫克
铁	0.6毫克
维生素A	0.4毫克
维生素B_3	0.1毫克

三、食材功能

性味 味甘，性偏温。

归经 归肺、脾、胃、肾经。

功能

（1）补充营养。山葡萄的营养价值很高，它含有多种维生素、矿物质及糖分，可以满足机体代谢时对不同营养成分的需要，能提高身体素质，减少一些常见疾病的发生。

（2）治疗风疹。山葡萄可以用于人类风疹的治疗，治疗时可以把山葡萄捣碎，取出汁液，然后直接涂抹在长有风疹的部位上。每天涂抹两到四次，连续三天，风疹的症状就能明显减轻。

（3）止痛作用。山葡萄具有良好的止痛功效，可以用于人类胃痛、腹痛以及头痛和手术后伤口痛等症状的治疗。此外，用山葡萄的藤和根或者茎加清水煎出的药液泡脚，还能祛风除湿，对因风湿引起的腰腿痛也有一定的疗效。

（4）美容保健功能。山葡萄籽中的黄酮类物质含量达12%，是欧亚种葡萄的4～8倍，具有多方面的生理活性，特别在治疗冠心病、降血压、降血脂、降低胆固醇、抗氧化、抗菌、抗炎等方面疗效显著，并具有皮肤保健、美容等功能。葡萄皮中含有花色素、原花色素、白藜芦醇、儿茶素以及多聚体等多种生物活性物质，具有抗氧化、清除自由基以及预防心血管疾病等作用。

四、烹饪与加工

山葡萄籽油

（1）材料：山葡萄籽。

（2）做法：首先筛选出优质山葡萄籽，接着用破碎机将其破碎，再

山葡萄籽油

将碎葡萄籽投入软化锅中软化，然后进行炒坯和压饼，最后趁热装入榨油机中压榨、过滤即可。

山葡萄酒

（1）材料：山葡萄、白砂糖。

（2）做法：首先把山葡萄洗净、晾干；用手把葡萄捏碎后，将其放入大口瓶内；接着按比例加入白砂糖，并搅拌均匀；然后盖紧瓶盖，让其自然发酵1个月；最后用纱布过滤出液体即可。

山葡萄酒

五、食用注意

（1）不宜多食山葡萄，多食生内热。

（2）服内脂、碳酸氢钠类药物时不宜食用山葡萄。

传说故事

李世民与山葡萄

传说，大唐贞观年间，有一年正值山葡萄成熟的时节。大泽山下，一条蜿蜒的山路上，走来一位美丽的山姑娘，她正挎着一篮刚刚采摘的山葡萄要回家呢，远远看见一队人马在路旁歇息。

山姑娘心想：战马上的将士也许需要甘甜的山葡萄滋润一下疲惫的身心吧。淳朴的山姑娘没有犹豫，慷慨地把一篮子山葡萄献上去。那位战马上的头领自认为尝遍人间美味，却没想到这山姑娘送的山葡萄这样甘甜，尝一颗便甜醉了心，他笑得合不拢嘴，忙问这山葡萄的名字，山姑娘脱口而出："龙眼葡萄。"谁知这位将领就是东征途中的李世民，他笑说："我要重新给它赐一个名字，就叫'狮子眼'吧。"于是好吃的龙眼山葡萄成了"狮子眼"。

唐太宗李世民为大泽山葡萄赐名的这一天是农历七月二十二日，山民们为自己采摘的甜美山葡萄而骄傲。由于山里的葡萄受到了皇帝的青睐，山神得以重生，于是大家决定把这一天作为山神的生日。从此每到这一天，山里的人都会给山葡萄过节。

酸浆果

野果地所献，重意在所临。
采得洛神珠，入口润心田。

——《食酸浆》
（清）陈其炳

一、物种本源

拉丁文名称，种属名

酸浆果，为茄科酸浆属植物酸浆（*Alkekengi officinarum* Moench）的果实，又名红姑娘、戈力、灯笼草、洛神珠等。

形态特征

酸浆果因其果实味酸而得名。原生植物酸浆为多年生草本植物，高40~80厘米，基部常匍匐生根，略带木质，分枝稀疏或不分枝，茎节不甚膨大，常被有柔毛，尤其以幼嫩部分较密。基部叶长5~15厘米，宽2~8厘米，长卵形至阔卵形、有时菱状卵形，顶端渐尖，基部不对称狭楔形、下延至叶柄。花梗长6~16毫米，开花时直立，花丝及花药为蓝紫色，花药长约3毫米。果萼卵状，长2.5~4厘米，直径2~3.5厘米，薄革质，网脉显著，有10纵肋，橙色或火红色，被宿存的柔毛，顶端闭合，基部凹陷；浆果球状，橙红色浆果直径1~1.5厘米。种子肾脏形，淡黄色。

习性，生长环境

酸浆多生长在空旷地域山坡上，耐寒抗旱，分布于欧亚大陆，我国产于甘肃、陕西、河南、湖北、四川、贵州和云南等地。酸浆果曾经是山野田间的一种野生小浆果，现经人工大量种植，变成了有地方特色的创收经济价值的地方特产水果。花期在5—9月份，果期在6—10月份。

二、营养及成分

酸浆果中含有丰富的蛋白质、脂肪、酸浆醇A、酸浆醇B、酸浆果红素、生物碱、胡萝卜素、禾本甾醇、环木菠萝烯醇等。酸浆果富含维生素C，含有18种氨基酸和锌、硒、硅、锂、锗等21种矿物质，还含有胡萝卜素、不饱和脂肪酸、亚麻酸和72%的亚油酸以及丰富的纤维素。

酸浆果中含有人体需要的多种营养成分，其中钙的含量是西红柿的73.1倍、胡萝卜的13.8倍，维生素C的含量是西红柿的6.4倍、胡萝卜的5.4倍。其果实含有6%～10%的干物质，其中糖（蔗糖、果糖和葡萄糖）的含量为40%～50%，还有7%～12%的酒石酸、2.5%～2.8%的鞣酸、5%～9.22%的果胶和7%～28%的维生素C。

三、食材功能

性味 味酸、苦，性寒。

归经 归肺、脾经。

功能

（1）清热解毒，预防炎症。酸浆果的主要功效是清热解毒和预防炎症，它含有的维生素C是一种天然消炎成分，能抑制人体内多种细菌的活性，减少炎症的发生。另外，酸浆果性质寒凉，能清热去火，对口舌生疮和咽喉肿痛有预防作用。

（2）美容养颜。酸浆果还具有美容作用，它除了含有丰富的维生素C以外，还含有大量的胡萝卜素和一些醇类物质以及生物碱。这些物质不但能促进皮肤细胞再生与代谢，而且能消除皮肤表层的炎症，能延缓皮肤衰老，也能淡化色斑，减少痘痘的生成。

（3）养肝护肝。酸浆果富含的微量元素对肝脏有很好的辅助作用，提高肝脏的解毒、排毒功能。

（4）提高免疫力。酸浆果中富含锌、硒、硅、硼等人体必需的微量元素，具有降低血压、增强心脏功能的作用，还可以抑制绿脓杆菌和黄色葡萄球菌的繁殖。酸浆果入药可以提高机体免疫力，增强抵抗力。

四、烹饪与加工

成熟的酸浆果可以直接当水果吃，酸甜可口，味道很好，还可以做蜜饯、果酱、果粉等。

酸浆果蜜饯

酸浆果粉

泡茶

平时可以把新鲜的酸浆果去掉外层包衣之后用清水洗净，直接放在玻璃杯中，然后冲入沸水。泡好以后，直接饮用，最后食用酸浆果。

五、食用注意

（1）脾虚、便溏及痰湿咳嗽者忌食酸浆果。

（2）孕妇忌食酸浆果。

传说故事

酸浆果的传说

相传，从前有一位财主，心狠手辣，拼命让长工干活，不少长工都生了病。其中有一位长工身患肺病，整日咳嗽，还小便不畅。财主见他干不了活，就起了歹心，趁天黑把他送到荒野中，并在周围割了些杂草盖在其身上。这位长工哭天喊地也无济于事，只好等到天明。

天亮后，他不但咳嗽，而且觉得饥饿难忍，向四周望去，只见在茫茫草丛中，长着一些橙红色球形小果子。他只好爬着前去摘来充饥，就这样饥了吃酸浆果，困了就睡在土地上。

历经七天七夜，工友们好不容易找到他，把他抬到财主家，过了两天，长工却已能行走，再过两天，不咳不吐，小便也通畅，身体康复。这位长工讲了他的经过，工友们愤怒地要找财主算账，被他拦住了，“我们吃人家的饭，就忍了吧。”财主知道后，自知理亏，也不再说什么了。长工们觉得奇怪，每逢热伤风咳嗽，便到荒野中摘些野酸果来吃，倒也减轻了不少咳嗽的痛苦。日子长了，就把这酸酸甜甜的浆果叫作“酸浆果”。

南酸枣

脆若离雪，甘如含蜜。
脆者宜新，当夏之珍。
坚者宜干，荐羞天人。
有枣若瓜，出自海滨。
全生益气，服之如神。

——《枣赋》
（晋）傅云

一、物种本源

拉丁文名称，种属名

南酸枣，是漆树科南酸枣属南酸枣［*Choerospondias axillaries*(Roxb.) B. L. Burtt & A. W. Hill.］的果实，又名山枣、山桉果、五眼果等。

形态特征

南酸枣树为落叶乔木，高8～20米。树干挺直，树皮灰褐色；小枝粗壮，暗紫褐色，具皮孔无毛。奇数羽状复叶互生，小叶卵形或卵状披针形或卵状长圆形，叶柄纤细，基部略膨大。花单性或杂性异株，雄花序长4～10厘米，被微柔毛或近无毛；雄蕊10枚，与花瓣近等长；花丝线形，长约1.5毫米，无毛；花药长圆形，长约1毫米，花盘无毛。核果椭圆形或倒卵形，长2.5～3厘米，径约2厘米；果核长2～2.5厘米，径1.2～1.5厘米，顶端有5个小孔。

习性，生长环境

南酸枣的果核较大且非常坚硬，因其顶端有五个眼，自古以来就有“五福临门”的意思。花期在4月份，果期在8—10月份。常生长于海拔300～2000米的山坡、丘陵或沟谷林中，喜光，热带至亚热带地区均能生长，能耐轻霜。适宜生长于深厚肥沃且排水良好的酸性或中性土壤，不耐涝。浅根性，萌芽力强，生长迅速，树龄可超过300年。南酸枣在我国主要分布于浙江、福建、湖北、湖南、广东、广西、云南、贵州等地，是较好的速生造林树种。

二、营养及成分

据测定，南酸枣果肉中营养成分的含量和种类较为丰富，含有维生素B_1、B_2、A、C以及18种氨基酸，包括人体所需的8种氨基酸，还含有南酸枣苷等。每100克南酸枣所含部分营养成分见下表所列。

可溶性固形物	12克
果胶	5克
有机酸	2.5克
膳食纤维	1.4克
鞣酸	1.1克
脂肪	0.4克

三、食材功能

性味 味甘、微酸涩，性微寒。

归经 归肺、脾、胃经。

功能 临床研究表明，南酸枣果肉具有止血、消炎等功效，对于便秘和因食滞引起的腹痛、腹泻等病症均有良好的疗效。另外，南酸枣可解毒、祛风湿、消炎、止痛，对于酒醉、疮疡肿痛、烫伤创口有良好的辅助食疗效果。

（1）补充维生素。南酸枣能为人体补充丰富的维生素，南酸枣中含有大量维生素C和B族维生素，还含有一定数量的维生素E。这些维生素被人体吸收后，能加快人体免疫细胞再生速度，防止色素在人体内堆积，能满足人体正常代谢时对维生素的需要。

（2）淡斑美白。南酸枣中含有丰富的维生素C，不但能促进免疫细胞再生，还能淡化色斑，更能滋养肌肤，提高人体皮肤弹性，减少皱纹生成。南酸枣中含有的微量元素与氨基酸等营养物质被人体吸收后，对皮肤代谢也有良好的促进作用，它能防止炎症在皮肤表面滋生，并阻止痤疮和青春痘生成。

（3）开胃消食。南酸枣中含有大量果酸，能促进唾液等多种消化液分泌，并能提高肠胃消化功能。

四、烹饪与加工

南酸枣果糕

南酸枣的果肉具有黏性，所以被用来制作枣糕，只要把枣肉弄出来，加入一点白糖，搅拌均匀并晒干就可以制成。南酸枣果糕是一种营养丰富、天然健康的食品，选用特有的天然野生南酸枣作为原料制成的特色食品，充分保留了南酸枣独特的风味，又改善了它的口感，入口由酸而甜，纯滑柔韧。

南酸枣果糕

南酸枣软糖

（1）材料：南酸枣、明胶、麦芽糖浆、蔗糖。

（2）做法：新鲜的南酸枣去皮去核，把南酸枣皮烘干至水分含量低于3%，再粉碎，过80目筛备用；把果肉匀浆后备用；明胶颗粒用1.2倍质量的热水于60~80℃溶解，备用。将麦芽糖浆和蔗糖以一定比例混合，加热至蔗糖完全溶解，获得混合糖浆。混合糖浆中加入一定量南酸枣肉和南酸枣皮粉，持续加热搅拌，使枣肉和枣皮粉均匀分散，随后加入明胶溶液并搅拌均匀，而后趁热浇注在软糖模具中，置于阴凉通风处冷却，晾干24小时后得到软糖成品。

南酸枣软糖

五、食用注意

对酸枣过敏者不宜食用南酸枣。

传说故事

五眼果的来历

传说六祖在怀集上爱岭隐居的时候，有一天从鹰嘴石下山往绥江边走去，途经深山老林，清风吹过，一颗植物果实从天而降掉落怀中。

他拿起一看，果实的顶端竟然天生有五只眼睛，这不正如佛经所说的“五眼六通”吗？他心头一亮，不禁捧着这五眼果笑逐颜开，真认为这是天赐佛缘。因此，六祖以超群脱俗的大智慧，从平凡的果实领悟到神圣的佛理，就不足为奇了。当年他一路走来，仔细寻访，发现生长这种果实的树木并不少见，而且都是菩提树时，他就更坚信自己的理解了。

一般佛教徒都知道，菩提树又称毕钵罗树，它的果实称作菩提子。菩提子由于质地坚实、色泽纯朴、形状略圆，所以经常被钻孔成串，用作念经计数束心的念珠。但是，念珠随处可见，天生有五眼的就难能可贵了。以六祖的聪明，他当然明白此中的价值。

软枣

皙常嗜羊枣，遥亦重槟榔。
参于不忍食，昉宁能独尝。

——《贤者之孝二百四十首·任昉》（南宋）林同

一、物种本源

拉丁文名称，种属名

软枣，为柿科柿属植物君迁子（*Diospyros lotus* L.）的果实，又名黑枣、牛奶枣等。

形态特征

软枣树，落叶乔木，高达30米，胸径达1.3米；树皮灰黑色或灰褐色；小枝褐色或棕色，有纵裂的皮孔。叶片为椭圆形至长椭圆形，长5～13厘米，宽2.5～6厘米；叶柄长7～15毫米，有时有短柔毛，上面有沟。雄花1～3朵腋生、簇生，近无梗，长约6毫米，带红色或淡黄色；雌花单生，淡绿色或带红色。果近球形或椭圆形，直径1～2厘米，初熟时为淡黄色，后变为蓝黑色，常被有白色薄蜡层。种子长圆形，长约1厘米，宽约6厘米，褐色。

习性，生长环境

软枣生于海拔500～2300米的山地、山坡、山谷的灌丛中，或在林缘。适应性广，抗逆性强，软枣在干旱和山区栽培条件下，仍能健壮生长。花期在5—6月，果期在10—11月。软枣分布于中国山东、辽宁、河南、河北、山西、陕西、甘肃、江苏、浙江、安徽、江西、湖南、湖北、贵州、四川、云南、西藏自治区等省（区）；亚洲西部、小亚细亚、欧洲南部亦有分布。

二、营养及成分

软枣多汁，风味独特，酸甜适口，营养丰富，含多种维生素；同时含有脂肪、蛋白质、钙、铁等多种矿物质和多种氨基酸及果胶等营养成分；软枣中的钾含量非常高，对保持血压和心脏健康极其重要。果实可直接食用，也可以酿酒、制醋，北方还用其制作冰糖葫芦。

三、食材功能

性味 味甘，性凉。

归经 归心、肺、大肠经。

功能

（1）提高肾功能。软枣是一种能入肾经的滋补性食材，不但能提高肾功能，而且能阻止病毒和细菌对人类肾脏产生伤害，对肾虚、肾功能不全以及肾部炎症都有良好的预防作用。软枣还是一种能补中益气的健康食材，它对因中气下陷和中气不足导致的身体不适也有一定的调理作用。

软枣果干

（2）抗衰老。研究表明软枣浓缩果汁具有延缓衰老的作用。软枣中丰富的抗氧化剂可延缓整个身体的衰老速度，这些抗氧化剂可以清除损害细胞的自由基，加速角质溶解，紧致皮肤，增强皮肤弹性和厚度。软枣中含有维生素B_6，能提高蛋白质的代谢能力，促进身体的组织和皮肤再生。

（3）助睡眠、改善便秘。软枣中富含膳食纤维，一方面可促进肠胃的蠕动，另一方面也可增加消化液的分泌，从而促进食物吸收。软枣中的微酸能促进肠胃蠕动，促进食物吸收，减少肠胃胀气的产生，能帮助入睡并降低动脉硬化发生的风险及改善便秘。

四、烹饪与加工

软枣可直接食用，或者洗净去皮榨汁，亦可与其他水果制成混合口味的果汁饮品，可以作为蛋糕和饼干等食品的辅料等。

软枣成熟后可以制成果脯、蜜饯，也可制糖、酿酒、制醋，可以为人体提供大量的维生素。

软枣蜜饯

五、食用注意

（1）软枣性凉，脾胃虚寒者忌食。

（2）软枣不宜多食。多食软枣容易引起腹泻。少数人多食有过敏反应，特别是幼儿，会引起嘴唇、舌头、脸部肿胀，起疹子，呕吐，腹痛等症状，严重时会出现呼吸困难、虚脱等情形。

（3）凡严重贫血、经常腹泻者不宜食用软枣。

（4）软枣含钾甚高，故肾功能衰竭、尿毒症或洗肾者均不宜食用。

延伸阅读

君迁子背后的传奇事儿

软枣是君迁子的别名，关于君迁子，有这样一则传说故事。相传古时有个小山村，四周尽是荒草乱石，只有几棵软枣果树，果实很小，肉粒多核。这个村里有个任老汉，他有四个儿子，前三个都死了，仅剩下最小的一个，名叫四子。不料四子长到16岁时，娘又死了。全家6口人，只剩下任老汉和四子，父子俩相依为命。四子，是一个有名的老实疙瘩，为人善良，做事勤快，对父亲特别孝顺。他每日上山砍柴，开荒种地。到了秋天，他又上山摘些软枣到集市上卖，给父亲买些好吃的东西。四子家门前有一棵大树，树上有个火鸟窝。听父亲讲，这只火鸟每年都在这树上做窝，从他爷爷时起，已有99年了。

有一天，四子干活回来，老远就听见那只火鸟正在"喳喳"叫个不停。他一看，有两个顽童正要捕捉火鸟。顽童已拉弓射箭，还没等四子喊出声，箭已离弦，火鸟中箭落在他的脚下，四子十分心痛，连忙把中箭的火鸟抱在怀里跑回家，给它包扎好伤口。之后，父子俩轮流喂养这只火鸟，并上山采集草药，为火鸟治伤。

几个月后，火鸟在任氏父子的精心照顾下，伤口愈合了，能飞了，四子才把火鸟送回窝里。这天，四子突然听到树上传来声音："救命恩人，你喜欢我吗?"四子抬头一望，原来是火鸟和他说话。他答道："火鸟，我很喜欢你。"火鸟从窝里撷出一根果树枝儿，丢给四子说："这是我从很远的地方撷来的，它能结出最甜的果子!"四子把树枝拿在手中一看，原来是无根的树枝。四子见地头那棵软枣树不知被谁砍去了头。他想，如果把火鸟送给他的那支无名果枝嫁接上，就好了。想着，他便转身往家里跑。一进门，便见一位姑娘正在给父亲端饭。

姑娘见到四子，只是抿嘴一笑。这时，父亲告诉他，这个姑娘名叫君迁子，是讨饭来到这里的。其实，那君迁子姑娘就是火鸟变的，特地来报答他的救命之恩。君迁子姑娘与四子一块来到地边，一个削果枝，一个用镰刀划裂软枣树干，很快就嫁接上了。长到第三年，开花结果，满树挂满了又大又香的软枣。任老汉却舍不得吃，一直放到春节，等到君迁子姑娘与四子结婚那天，才拿出来给乡亲们品尝。不料，这果子放了这么长时间，还是又甜又软，汁多味浓，几位老人便给这果子取名叫“君迁子”，意即别忘了这是君迁子姑娘和四子嫁接培育成的。

龙珠果

西番莲科野仙桃，甘酸性平肺经到。
清肺止咳消肿毒，休闲细品亦逍遥。

——《吟龙珠果》（现代）魏真

一、物种本源

拉丁文名称，种属名

龙珠果，为西番莲科西番莲属植物龙珠果（*Passiflora foetida* L.）的果实，又名假苦果、龙须果、龙珠草、肉果、天仙果、香花果等。

形态特征

龙珠果树为草质藤本，茎具条纹并被平展柔毛，长数米，且有臭味。叶脉羽状，叶柄长2～6厘米。花白色或淡紫色，具白斑，直径2～3厘米；苞片3枚。浆果卵圆球形，直径2～3厘米，无毛。种子呈椭圆形，长约3毫米，草黄色。

习性，生长环境

龙珠果树花期在7—8月份，果期在翌年4—5月份，生长于海拔120～500米的草坡路边，对土壤要求不严，以土层疏松而肥沃、排水良好的砂质壤土栽培为宜，喜温暖湿润的气候。原产地是西印度群岛，现广泛分布于热带地区，主要分布于我国广西、广东、云南、台湾等地区。

二、营养及成分

龙珠果可直接食用，味略苦，具有清热除湿的作用，是医学上常用的一种药材，它还具有润肠洗肺、润喉止痒的功效。龙珠果是一种营养丰富的水果，除了含有多种维生素和矿物质，还含有一些纤维素和天然的酸性成分与糖类。

三、食材功能

性味 味甘、酸，性平。

归经 归肺经。

功能

（1）保健作用。龙珠果有清热解毒、清肺止咳、除烦热的功效。主治恶疮、疖肿、肺热咳嗽、小便混浊、痈疮肿毒、外伤性眼角膜炎、淋巴结炎。

（2）增强免疫力。龙珠果中含有大量花青素、多种维生素、植物蛋白及丰富的矿物质等。对人体健康有好处。

（3）瘦身、解毒作用。龙珠果中含有丰富的水溶性膳食纤维，纤维吸水后，会产生凝胶状物质，令食物停留在胃中的时间延长，使饱足感的时间延长，减少饥饿感，是瘦身的佳品。龙珠果中还含有水果少有的黏胶状的植物蛋白，会快速地将重金属离子包裹住，并排出体外，避免肠道吸收，起到解毒作用。

龙珠果果实

龙珠果汁

四、烹饪与加工

龙珠果可以直接洗干净去皮吃，营养丰富；也可以作为中药的药引，辅助治疗肺热、感冒、咳嗽、发烧等病症；还可以泡水、煲汤喝。

目前，龙珠果已经开发出几十种不同的吃法和再加工产品，有望成为新一代蔬果型食品。已经制成的产品有：龙珠果粉、龙珠果果酱、龙珠果果干、龙珠果酵素、龙珠果果冻、龙珠果冰棒等。而用龙珠果酿成的红酒，属于碱性的含酒精饮料，除了含有红酒的特性，还含有丰富的镁、钙、钾、铁等矿物质。常饮龙珠果酒可以防止血管硬化，预防老年痴呆症、高血压、感冒，增强免疫力。

五、食用注意

（1）龙珠果不可长期食用，长期食用会增加体质偏寒的风险，进而导致免疫力下降。体寒的人谨慎食用，另外建议孕妇少食为宜。

（2）龙珠果不宜多食，否则会对脾胃造成很大的影响，容易引起肠胃功能紊乱，进而导致腹泻。

传说故事

郭沫若与龙珠果

1908年秋，17岁的郭沫若正在四川嘉定城读初中，当时他生了一场大病，总感到非常疲倦，头痛，拉肚子，咳嗽，时常流鼻血，没有食欲。郭沫若的父亲在乡下是一个“土郎中”，开了一剂温和的药给他吃，但毫不见效。

家人只好找当地唯一的儒医——宋相臣来诊治。宋说郭沫若泻肚子是阴证，发烧流鼻血等又是外感，要先治里后治表。于是，他给郭沫若开了一剂药，有分量很重的附片、干姜，一剂药下去，所有的黏膜都焦黑了，口舌眼鼻没有一处不是黑的，头脑发昏，只想睡觉。宋和郭父都束手无策了。

堂叔推荐了一位附近的赵医生，这位赵医生没有什么名望，看了郭沫若的病症之后，主张和宋相臣恰恰相反，说郭沫若的病是阳证，要用凉药，并开了一剂重用龙珠果根、龙珠果干果和大黄的药。宋相臣不消说是反对的，郭沫若父亲也不赞同。赵医生却坚持要用他的药方，否则就要走人。他说药方虽然是泻药，但吃下后泻的次数会一天天减少。众人相持不下，朦胧中的郭沫若却在冥冥之中说了句：“我要吃姓赵的药！”

郭沫若的母亲做主，决定让郭沫若把赵医生的药吃下去。出乎意料，郭沫若吃了泻药，病情并没加重，泻的次数反而逐渐减少下来，意识也渐渐恢复过来，身体逐渐康复了。

山橙

寂寂蓬门雪夜长，一炉柴火辟寒光。
果盆饤蔟山橙小，瓦瓮新篘浊酒香。

——《山庄夜》（元）郭居敬

一、物种本源

拉丁文名称，种属名

山橙，为夹竹桃科山橙属植物山橙（*Melodinus suaveolens* Champ. ex Benth.）的果实，又名冬荣子、屈头鸡、山大哥、猢狲果、猴子果、铜锣锤、马骝藤等。

形态特征

山橙树为藤本木质植物，小枝褐色。叶椭圆形或卵圆形，长5~9.5厘米，宽1.8~4.5厘米，叶面深绿色而有光泽，近革质；叶柄长约8毫米。聚伞花序顶生或腋生；花蕾顶端圆形或钝；花白色。浆果呈圆球形，直径3.5~8厘米，成熟时橙黄色或橙红色，可见深棕色的斑纹，有光泽，常有花萼宿存。果皮坚韧，果肉干缩呈海绵状，白色与棕色相杂，2室，有多数种子镶嵌于果肉内。种子多数，犬齿状或两侧扁平，干时棕褐色。

习性，生长环境

山橙主要分布于热带、亚热带以及大洋洲地区。我国山橙常见于广西、广东等地，常生于丘陵、山谷，攀缘在树木或石壁上，喜温暖向阳的环境，以排水良好且肥沃的土壤为佳。花期在5—11月份，果期在8月—翌年1月份。

二、营养及成分

山橙中含有丰富的维生素、黄酮苷、内酯、生物碱、有机酸等。黄酮苷中有橙皮苷、柚皮芸香苷、异樱花素-7-芦丁糖苷、柚皮苷等；内酯成分中有柠檬苦素（即黄柏内酯或吴茱萸内酯）等；生物碱成分主要是那可丁；有机酸成分主要为柠檬酸和苹果酸等。

三、食材功能

性味 味苦，性平。

归经 归肝、脾经。

功能 目前有关山橙的现代药理学和药效物质基础研究的报道较少。山橙中富含单萜吲哚生物碱类成分以及少量三萜、甾体、木脂素等化合物。现已从该属植物中分离到近200个构造新颖、结构复杂的生物碱类化合物。生物碱类成分是该属植物重要的活性成分，该类成分具有多种生物活性。现代研究表明，山橙具有抗菌等生物活性，具有较高的研究价值。

山橙煎鱼

四、烹饪与加工

山橙一般为药用，秋季果实成熟时采集加工，可制作果酱，亦可晒干后入药。

山橙果酱

五、食用注意

山橙中含有吲哚型生物碱，不可多食。

传说故事

能治皮肤病的山橙

相传宋徽宗年间，宫廷中有一名宠妃患了皮肤湿毒之症，红肿瘙痒难忍。皇帝见宠妃如此痛苦，命令李御医必须在三日之内治好此病，否则就将他处斩。李御医惊慌失措，在家中冥思苦想，忽听到门外有人叫卖："皮肤湿毒，疥癞湿疹良药，一文一帖，药效如神。"李御医便买了十帖，打算一试。第二天，李御医将此药献给皇妃服用，药效非常明显，不出三日，皇妃的皮肤湿毒之症就全好了。皇上也龙颜大悦，为此重赏了李御医。

而此方就是由青黛和山橙果实这两味常用的药物配制而成的。山橙的果实及果皮均可入药，具有行气止痛、除湿杀虫之功效。此方的制药方法也很简单：用时只要将山橙的果实置于新瓦之上煅烧，发红之后离火冷却研末，再配以青黛粉末混匀即可服用。

毛花猕猴桃

毛桃犹带蕊，青杏已团枝。
老不禁春恼，应知老易欺。

——《春日即事九首（其四）》
（北宋）李廌

一、物种本源

拉丁文名称，种属名

毛花猕猴桃，为猕猴桃科猕猴桃属植物毛花猕猴桃（*Actinidia eriantha* Benth.）的果实，又名毛冬瓜、毛花杨桃等。

形态特征

毛花猕猴桃的小枝、叶柄、花序和萼片均密被乳白色或淡污黄色直展的绒毛或交织压紧的绵毛，属大型落叶藤本植物。叶软纸质，卵形至阔卵形，长8～16厘米，宽6～11厘米。花淡红色；花柱丝状，多数。果实呈柱状卵珠形，长3.5～4.5厘米，直径2.5～3厘米，密被不脱落的乳白色绒毛。

习性，生长环境

毛花猕猴桃树喜湿润、凉爽的气候，一般生长于海拔250～1000米山地上的高草灌木丛或灌木丛林中，我国浙江、福建、湖南、广东、贵州等地均有分布。花期在5月上旬至6月上旬，果熟期在11月。

二、营养及成分

每100克毛花猕猴桃所含部分营养成分见下表所列。

糖	11克
蛋白质	1.1克
类脂	0.3克
钾	320毫克

类胡萝卜素	250毫克
铁	106毫克
磷	42.2毫克
氧	26.1毫克
硫	25.5毫克
维生素P	18~24毫克
镁	19.7毫克
钙	16.1毫克
果胶	13毫克
钠	3.3毫克
粗纤维	2.7毫克

三、食材功能

性味 味甘，性寒。

归经 归肝经。

功能

（1）营养保健。毛花猕猴桃是一种营养价值丰富的水果，含有10多种氨基酸以及丰富的矿物质，包括丰富的钙、磷、铁等元素，还含有胡萝卜素和多种维生素，对维持身体健康具有重要的作用。

（2）美容。毛花猕猴桃是一种“美容圣果”，具有抗衰老、祛斑、排毒、美容等作用。毛花猕猴桃中含有丰富的果酸，果酸能够抑制角质细胞内聚力及黑色素沉淀，可以有效地淡化或消除黑斑，并且在改善肌肤组织方面也有显著的功效。洁面后，用猕猴桃果肉均匀涂抹脸部并进行按摩，对改善毛孔粗大有明显的效果。

（3）减肥。毛花猕猴桃营养丰富且热量极低，其特有的膳食纤维不仅可以促进消化吸收，还使人产生饱腹感，是比较理想的减肥食品。

猕猴桃奶酪

四、烹饪与加工

毛花猕猴桃汁

将新鲜的毛花猕猴桃去皮，然后倒入榨汁机，成汁即可。早上起床和晚上睡觉之前各饮一大杯，白天亦可当饮料喝，坚持2周以上，并配合适当的运动和饮食，瘦身效果明显。

三品羹

（1）材料：猕猴桃、苹果、香蕉、白糖、淀粉。

（2）做法：将猕猴桃洗净，放入碗内上笼蒸熟，取出晾凉后用净纱布挤出肉汁；苹果洗净去核，将果肉切为小方丁，香蕉去皮切成小丁备用。锅中加入适量清水，加入白糖、猕猴桃汁，倒入锅内煮沸，将香蕉丁、苹果丁相继倒入锅中再煮沸后，用水调淀粉勾芡即成。

五、食用注意

（1）脾胃虚寒者应慎食毛花猕猴桃，腹泻时不宜食用。

（2）食用毛花猕猴桃后不宜立即喝牛奶，或吃其他乳制品，否则会影响消化吸收，出现腹胀、腹痛或腹泻等症状。

传说故事

猕猴桃根配伍组方治孕吐

很多妇人在怀孕时，容易伴发妊娠呕吐，许多医家用毛花猕猴桃根配伍组方来治疗此病。

相传，张仲景在长沙当太守时，一边参与社会管理，经常到民间走访，一边行医著书。他为人和蔼踏实，是典型的“理性人，良家父”。一天，张仲景在长沙南门口私访时，路过一户农家。农家人见是太守来访，纷纷以礼相待。

席间，农民把过年才舍得吃的鸡鸭鱼肉一一端上了餐桌，满满的一桌菜肴，以示尊敬，可见张太守在人民心中的地位和分量。

太守问及农民田间耕作以及喂养牛羊等情况的时候，农民都如实回答了。大家谈得正高兴的时候，该农民的妻子突然当着太守的面呕吐了，这可是大不敬。

随行的官员中有一个人怒斥妇人，说她太不懂礼貌，公然藐视朝廷命官，要治罪。

淳朴的农民顿时吓破了胆，从座位上滑到了地上，跪着连连告罪，一只手还拉扯着夫人，意思是让她也跪下来，可是其夫人肚子太大，动作有些缓慢。

眼看妇人艰难地就要跪下了，张仲景连忙说：“罢了，不碍事，免罪!”

妇人站立着，可又开始呕吐了。

张仲景放下碗筷，踱步走向妇人，让妇人坐在座位上。

张仲景问农民：“令正身孕多久了?”

农民还没反应过来，张仲景又问了一遍。

“六个多月了。”农民诚惶诚恐地回答道。

张仲景开始给妇人把脉，查舌。随后，他叫随从拿出毛笔和纸，写下了毛花猕猴桃根、人参、陈皮、生姜等药方。

几天后，当太守在公堂给别人看病时，农民牵着羊，手提着一篮子鸡蛋也来到了公堂，然后跪下连说："感谢大人救妻之恩。"

张仲景后来在写《杂病论》的时候，把此方写入该书中，后因连年烽烟战事，直至晋朝王叔和整理，编制为《论》一书。到了北宋仁宗时，一位叫王洙的翰林学士在馆阁残旧书籍里发现了一部《杂病论》的节略本，后经林艺等人编审改名为《金匮要略》，得以流传至今。

余甘子

愁苦人意未相谙，率以初尝废后甘。
王氏有诗旌橄榄，可怜遗咏在巴南。

——《余甘子》（南宋）程敦厚

一、物种本源

拉丁文名称，种属名

余甘子，为大戟科叶下珠属植物余甘子（*Phyllanthus emblica* L.）的果实，又名油甘、牛甘果、滇橄榄等。

形态特征

余甘子，乔木，高达23米，胸径50厘米。树皮浅褐色；枝条具纵细条纹，被黄褐色短柔毛。叶片纸质至革质，二列，线状长圆形，长8~20毫米，宽2~6毫米，顶端截平或钝圆，有锐尖头或微凹，基部浅心形而稍偏斜，上面绿色，下面浅绿色，干后带红色或淡褐色，边缘略背卷；叶柄长0.3~0.7毫米。蒴果呈核果状，圆球形，直径1~1.3厘米，外果皮肉质，绿白色或淡黄白色，内皮破壳质。种子略带红色，长5~6毫米，宽2~3毫米。

习性，生长环境

余甘子广泛分布在东南亚和非洲以及我国的江西、福建、广东、海南、广西、四川和贵州等地。余甘子对环境的变化适应力强，可以广泛生长在海拔200~2300米的山地疏林、灌丛、荒地或山沟向阳处。花期在4—6月份，果期在7—9月份。

二、营养及成分

每100克余甘子所含部分营养成分见下表所列。

碳水化合物	13.7克
蛋白质	0.5克

钾	230毫克
钙	50毫克
钠	5毫克
铁	1.2毫克
维生素A	1毫克

三、食材功能

性味 味甘、酸，性寒。

归经 归脾、胃经。

功能 《本草纲目》曾记载："余甘果子，主补益气，久服轻身，延年益寿。"《唐本草》记载："余甘子'化痰，生津，止咳，解毒'。"现代中医药理辩证学研究认为余甘子能清热凉血，消食养胃，适用于气滞血瘀、肝胆功能疾病、消化不良、腹痛、咳嗽、咽喉痛、口干等疾病的治疗和康复。

（1）保护心血管。相关科学研究显示余甘子果汁可以降低大鼠血液中的总胆固醇以及高密度胆固醇的水平，有助于减少高血脂引起的心血管疾病风险。

（2）抗菌、消炎。余甘子的提取物可以有效抑制黄曲霉的繁殖和生长，以及有效抑制黄曲霉分泌黄曲霉毒素，具有一定的抗菌消炎作用。

四、烹饪与加工

余甘子果脯

挑选余甘子果实并洗净；放入沸水中烫漂至鲜果表面开裂；趁热去

核后，再放入硬化护色液中浸泡；用清水冲洗，烘烤；取神秘果和甘蔗分别榨汁，混合发酵，过滤后取滤液；将余甘子放入发酵混合液中浸泡，捞出沥干；将果葡糖浆涂抹于余甘子表面，冻干后包装。余甘子果脯不仅能很好地保留余甘子的营养成分，而且余甘子果脯糖度低、口感好，余甘子果脯还可作为炖汤辅料，能使汤汁更鲜美。

余甘子果脯

余甘子红茶菌果冻

红茶菌膜接种到茶糖水中，在20～25℃发酵，茶糖水液体表面有新菌膜生成后，结束发酵，得红茶菌发酵液；将制得的红茶菌发酵液与余甘子果汁、糖混合均匀，再加入胶凝剂，待胶凝剂溶解后进行浓缩，加入柠檬酸调配酸度；灭菌、冷却成型即得果冻成品。余甘子红茶菌果冻口感天然，营养丰富。

余甘子果酒

将余甘子果汁与罗汉果果汁按体积比5∶1混合得到待发酵液；将余甘子渣、罗汉果渣、糯米制作成发酵酒曲；将发酵酒曲放入发酵罐中，将待发酵液移到发酵罐中，调节待发酵液的糖分含量，调节待发酵液pH值，密封发酵，过滤即得余甘子果酒。

余甘子果酒

五、食用注意

血虚及习惯性便秘者忌食余甘子。

妈祖娘娘赐余甘子

相传，宋景德年间，辽国进犯澶州，真宗亲征，兵败。澶州之役订城下之盟，开创纳岁币，求和苟安的先例。

以物质换取和平，加重了人民的负担，百姓都生活在水深火热之中。这一年，又逢大旱，田间颗粒无收，百姓流离失所，中原百姓为逃避战乱，纷纷南迁。在南迁的路上，饿殍遍野，沿途的树皮和草根都被吃得精光，天天有大批的难民死去。难民们一路南下，到达广东、福建安顿下来后，开始建棚户区。

由于旱情持续，农作物无法生长，连饮用水都严重缺乏。此时，疾病便开始在灾民中流行，表现为咽喉疼痛、口干、哮喘、发热等症状，因缺医少药，病情很快蔓延。

于是，人们便不约而同地前往妈祖庙祭拜，祈求妈祖娘娘保佑。妈祖娘娘在天上看到了百姓正遭受饥饿和病魔的折磨，便伤心地流下了泪来。妈祖娘娘的泪水像珍珠落下，滴落在余甘子树上，树上结了许多果子。人们看到妈祖娘娘显灵了，便纷纷采摘这些果子吃，吃了几天果子，病都好了。由于这些果子有酸涩感觉，但很快又回转甜味，余味无穷，于是人们便称这种果子为余甘子。

参考文献

[1] 陈寿宏. 中华食材 [M]. 合肥：合肥工业大学出版社，2016：462-511.

[2] 黄文强，施敏峰，宋晓平，等. 使君子化学成分研究 [J]. 西北农林科技大学学报：自然科学版，2006，34（4）：79-82.

[3] 陈萍，王培培，焦泽沼，等. 益智仁的化学成分及药理活性研究进展 [J]. 现代药物与临床，2013（4）：617-623.

[4] 陈倩，李娜，张雨林，等. 金樱子的研究进展 [J]. 中医药导报，2018，24（19）：106-110.

[5] 付阳洋，刘佳敏，卢小鸾，等. 刺梨主要活性成分及药理作用研究进展 [J]. 食品工业科技，2020，41（13）：328-335+342.

[6] 王利兵. 山杏开发与利用研究进展 [J]. 浙江林业科技，2008，28（6）：76-80.

[7] 贾晋，陈敏洁，季祥，等. 山桃种子脂肪酸含量及成分分析 [J]. 种子，2012，31（10）：22-25.

[8] 仝晓刚，王燕，吕青，等. 山樱桃树胶中的黄酮类成分研究 [J]. 广西植物，2010，30（4）：568-570.

[9] 张士凯，郁良卿，张启月，等. 欧李开发及利用的研究进展 [J]. 食品工业科技，2020，41（4）：361-367.

[10] 张秀兰，范淑珍，智海英．西府海棠的开发利用 [J]．山西果树，2010 (5)：51．

[11] 李巧兰，李征，杨轶，等．五叶草莓乙醇提取物镇痛抗炎作用的实验研究 [J]．现代中医药，2006，26 (5)：63-65．

[12] 伍国明，伍芳华．豆梨发酵果酒工艺研究 [J]．中国酿造，2012，31 (8)：162-165．

[13] 时涛，王晓玲，陈振德，等．枳椇子化学成分及其药理活性研究进展 [J]．中药材，2006 (5)：510-513．

[14] 沈瑞芳，杨叶昆，魏玉玲，等．滇刺枣的化学成分研究 [J]．云南大学学报（自然科学版），2013，35 (S2)：332-335．

[15] 杜晓兰，王旭旭，田旭阳，等．沙棘综合价值的研究进展 [J]．粮食与油脂，2020，33 (5)：15-16．

[16] 肖本见，李玉山，谭志鑫．富硒长叶胡颓子果抗炎和免疫作用的实验研究 [J]．中国中医药信息杂志，2005，12 (8)：23-24．

[17] 马文汉，徐德冰，王雪松，等．越橘的矿质营养研究 [J]．农业与技术，2016，36 (23)：16-20．

[18] 凌彤，赵兵，姚默，等．乌饭树药学研究新进展 [J]．安徽农业科学，2013，41 (10)：4314-4315．

[19] 范金挺．绿色观赏美食保健珍果——野香蕉 [J]．农村实用科技信息，2004 (2)：15．

[20] 蒋纬，胡颖．野木瓜活性成分及应用研究进展 [J]．食品工程，2018 (3)：4-6+38．

[21] 崔长伟，刘丽媛，王华，等．山葡萄综合开发利用研究进展 [J]．食品科学，2015，36 (13)：276-282．

[22] 刘怀，刘爱忠．药食两用酸浆果生物活性研究进展 [J]．吉林医药学院学报，2015，36 (2)：130-132．

[23] 刘飞，陈军，刘成梅，等．高膳食纤维南酸枣软糖配方优化及其质构特性 [J]．食品工业科技，2020，41 (8)：117-123．

[24] 王东，卢慧娟，宋洪东，等．龙珠果不同入药部位中牡荆素的含量测定 [J]．食品与药品，2014，16 (6)：425-427．

［25］ 方忠莹，杜思雨，蔡晓青，等. 山橙属植物生物碱类成分研究进展［J］. 中国实验方剂学杂志，2017，23（22）：218-225.

［26］ 郎彬彬，朱博，谢敏，等. 野生毛花猕猴桃种质资源主要数量性状变异分析及评价指标探讨［J］. 果树学报，2016，33（1）：8-15.

［27］ 朱艳媚. 余甘子的研究进展［J］. 中华实用中西医杂志，2007，20（7）：622-623.

图书在版编目（CIP）数据

中华传统食材丛书．野果卷／张银萍，胡雪芹主编．—合肥：合肥工业大学出版社，2022.8
ISBN 978－7－5650－5121－0

Ⅰ.①中… Ⅱ.①张… ②胡… Ⅲ.①烹饪—原料—介绍—中国
Ⅳ.①TS972.111

中国版本图书馆CIP数据核字（2022）第157782号

中华传统食材丛书·野果卷
ZHONGHUA CHUANTONG SHICAI CONGSHU YEGUO JUAN

张银萍　胡雪芹　主编

项目负责人	王　磊　陆向军
责任编辑	殷文卓
责任印制	程玉平　张　芹
出　　版	合肥工业大学出版社
地　　址	（230009）合肥市屯溪路193号
网　　址	www.hfutpress.com.cn
电　　话	理工图书出版中心：0551－62903004 营销与储运管理中心：0551－62903198
开　　本	710毫米×1010毫米　1/16
印　　张	10.75　**字　数**　149千字
版　　次	2022年8月第1版
印　　次	2022年8月第1次印刷
印　　刷	安徽联众印刷有限公司
发　　行	全国新华书店
书　　号	ISBN 978－7－5650－5121－0
定　　价	96.00元

如果有影响阅读的印装质量问题，请与出版社营销与储运管理中心联系调换。